Fürst • Radar an Bord

Georg Fürst

Radar an Bord

Das Lehrbuch für den Skipper

Einbandgestaltung: Nicole Lechner

Titelbild: Georg Fürst

Bildnachweis:
Firma Eissing, Emden: Abb. Nr. 12, 78,
Heiko Wulff: Abb. Nr. 14, 15, 16, 17, 18.
Alle übrigen Abbildungen stammten vom Verfasser.

ISBN 3-613-50408-1

1. Auflage 2002

Lektor: Oliver Schwarz
Innengestaltung: Satz & mehr, R. Günl, 74354 Besigheim
Druck: Schwertberger GmbH, Kaisheim
Bindung: Fa. Conzella, Aschheim bei München
Printed in Germany

Inhaltsverzeichnis

5 Radarnavigation . . . 55

6 Plotten zur Kollisionsverhütung . . . 63

7 Kollisionsverhütungs- und Plottempfehlungen . . . 111

Vorwort

Auf Grund meiner langjährigen beruflichen und seglerischen Erfahrungen betreibe ich seit Anfang der 90er Jahre Hochseesegelausbildung. 1994 wurden die Ausbildungsinhalte der amtlichen Führerscheine der technischen Entwicklung angepasst. Die Radarkunde wurde als Pflichtfach in die Ausbildung für den Sportseeschifferschein und den Sporthochseeschifferschein aufgenommen. Seitdem veranstalte ich regelmäßig praktische Radarausbildungen auf der Jade und in der Deutschen Bucht. Der Schwerpunkt der Bordausbildung ist die Schulung am Gerät sowie die Radarnavigation und die praktische Ausbildung in Nebelnavigation. Bei dieser Tätigkeit wurde mir sehr schnell klar, dass zur praktischen Ausbildung an Bord auch ein theoretischer Vorlauf gehört, ohne den der praktische Teil zwangsläufig lückenhaft bleiben würde. Aus diesem Grunde führe ich vor der praktischen Ausbildung regelmäßig im Winter ein zweitägiges Radarseminar durch.

Leider musste ich meinen Schülern immer wieder sagen, dass es kein spezielles Radar-Fachbuch gibt, das den Anforderungen im Rahmen der Ausbildungen zum Sportseeschifferschein und zum Sporthochseeschifferschein und schon gar nicht den Wünschen eines verantwortungsvollen Skippers gerecht wird. Daher sah ich mich gezwungen, aus der Ausbildungsdokumentation heraus Schülerunterlagen zu entwickeln. Aus diesen Unterlagen und meinen beruflichen Kenntnissen und Erfahrungen ist dann dieses Buch entstanden. Dabei habe ich mich bewusst nicht auf das erforderliche Wissen für die genannten Segelscheine beschränkt, sondern möchte dem interessierten Skipper und Bootseigner auch die Möglichkeit geben, seine Kenntnisse zu erweitern und zu vertiefen. Mein Anspruch dabei war es, mich nicht zu weit von der Praxis zu entfernen und mich nicht in die Technik zu verlieren. Das Plotten habe ich allerdings bewusst ausführlich dargestellt, damit jeder Interessierte das Verfahren auch im Selbststudium lernen und in der Praxis überprüfen kann. Ich hoffe, ich bin meinen Ansprüchen gerecht geworden.

Meinen Freunden und Bekannten aus Marine und Handelsschifffahrt danke ich an dieser Stelle für ihre großzügige Unterstützung.

Georg Fürst, im August 2002

1 Gesetzliche Grundlagen (KVR)

Einleitung

Sie alle werden sich wahrscheinlich an die Berichte über die tragische Kollision der Segelyacht *Cyran* mit dem Hochgeschwindigkeitskatamaran (HSC) *Delphin* am 6. Juli 1996 in der Ostsee nördlich von Warnemünde erinnern. Mitte des Jahres 1997 erging hierzu der folgende Spruch des Seeamtes Rostock:
»Am 6. Juli 1996 gegen 01.20 Uhr MESZ kollidierten bei dunkler Nacht und guter Sicht auf der Höhe von Graal-Müritz auf Position 54° 19,07′ Nord und 12° 06,9′ Ost der Hochgeschwindigkeitskatamaran (HSC) Delphin *und die Segelyacht (SY)* Cyran *miteinander. Dabei wurde die Segelyacht beschädigt. Der Fahrzeugführer der Segelyacht blieb unverletzt.«* Und weiter: *»Ursächlich für den Seeunfall war, dass die gefährliche Annäherung auf beiden Fahrzeugen nicht beziehungsweise zu spät erkannt wurde. Der Kapitän und der Erste Offizier der HSC* Delphin *haben sich fehlerhaft verhalten, indem sie erstens die vorhandenen und betriebsfähigen Radaranlagen nicht gehörig gebrauchten und zweitens die Pflicht zum Ausguckhalten nicht ordnungsgemäß wahrnahmen. Dieses Fehlverhalten war seeunfallursächlich. Der Fahrzeugführer der SY* Cyran *hat sich fehlerhaft verhalten, indem er einen ordnungsgemäßen Ausguck nicht vornahm und sein Fahrzeug nicht mit einem Radarreflektor ausrüstete. Dieses Fehlverhalten war mit ursächlich für den Eintritt des Seeunfalls.«*

In Kenntnis der Fakten war dieser Seeamtsspruch für die Fachwelt keine Überraschung. Dennoch hätte man insbesondere in der Welt der Sportbootfahrer nicht ohne entsprechende Schlussfolgerungen einfach wieder zur Tagesordnung übergehen sollen. Aus der Sicht des Verfassers sind für uns Sportbootfahrer drei Aspekte dieses Urteils von besonderer Bedeutung:

- Beide Fahrzeuge haben keinen ordnungsgemäßen Ausguck gehalten (Regel 5 KVR).
- Auf dem HSC *Delphin* wurde die gebrauchsfähige Radaranlage nicht gehörig gebraucht (Regel 7 KVR).
- Der Fahrzeugführer der Segelyacht *Cyran* verhielt sich fehlerhaft, indem er seine Segelyacht nicht mit einem Radarreflektor ausrüstete.

Gerade auf dem Gebiet der Radarnutzung als auch hinsichtlich des korrekten Verhaltens gegenüber Handelsschiffen in dichtbefahrenen Gewässern finden man leider bei vielen Sportbooten so manches Wissensdefizit oder aber Defizit im Verständnis für die Probleme der großen, vergleichsweise unbeweglichen Handelsschiffe. Damit aber nicht genug. Wer sich nach der Lektüre dieses Buches einmal in den Yachthäfen genau umsieht, wird erschüttert sein, wie mangelhaft oder überhaupt nicht die meisten Yachten bezüglich wirkungsvoller Radarreflektoren ausgerüstet sind.
Daher hat sich der Verfasser entschlossen, im ersten Kapitel in Kurzform auf die für dieses Buchthema relevanten gesetzlichen Passagen

aufmerksam zu machen und im vierten Kapitel ausführlich auf die Problematik der Radarreflektoren einzugehen.

Gesetzliche Grundlagen (KVR)

Das Thema Radarnavigation wird in den Kollisionsverhütungsregeln (KVR) mehrfach behandelt. Dabei entstehen aus den unterschiedlichen Zusammenhängen auch unterschiedliche Konsequenzen für den Schiffsführer. Einerseits eröffnet die Radarnavigation dem Bootsführer die Möglichkeit, insbesondere bei verminderter Sicht mit höherer (sicherer) Geschwindigkeit zu fahren oder bei stark verminderter Sicht überhaupt das Fahrzeug zu bewegen. Andererseits begründet die bloße Existenz einer betriebsfähigen Radaranlage an Bord für den Skipper die Verpflichtung, diese Anlage auch mit allen sich aus der Radarnavigation ergebenden Möglichkeiten und Einschränkungen zu nutzen.
Die zentrale Vorschrift im letztgenannten Sinne ist die Regel 7 b) der KVR. Danach muss eine vorhandene und betriebsfähige Radaranlage gehörig gebraucht werden, damit der Skipper frühzeitig vor der Gefahr eines Zusammenstoßes gewarnt werden kann. Letztlich ist die Regel 7 b) nur eine besondere Ausprägung des bereits in der Regel 7 a) enthaltenen allgemeinen Grundsatzes, wonach jedes Fahrzeug mit allen verfügbaren Mitteln festzustellen hat, ob die Möglichkeit der Gefahr eines Zusammenstoßes besteht.
Der Begriff des *gehörigen* Gebrauchs konkretisiert diese grundsätzliche Pflicht dahingehend, dass die Anlage unter Ausschöpfung ihrer technischen Möglichkeiten ordnungsgemäß zu bedienen ist und dabei die Verfahren zur Auswertung der Signale anzuwenden sind. Nur beispielhaft führt Regel 7 b) aus, dass zum gehörigen Gebrauch die Anwendung der großen Entfernungsbereiche, des Plottens oder eines gleichwertigen systematischen Verfahrens zur Überwachung georteter Objekte gehört.
Eine andere zentrale Norm, Regel 6 KVR, führt unter Buchstabe b) für Fahrzeuge mit betriebsfähiger Radaranlage zusätzliche Umstände auf, die zur Ermittlung der sicheren Geschwindigkeit zu berücksichtigen sind. Es sind dies:

- die Eigenschaften, die Wirksamkeit und die Leistungsgrenzen der Radaranlagen
- jede Einschränkung, die sich aus dem eingehaltenen Entfernungsbereich des Radars ergibt
- der Einfluss von Seegang, Wetter und anderen Störquellen auf die Radaranzeige
- die Möglichkeit, dass kleine Fahrzeuge, Eis und andere schwimmenden Gegenstände durch Radar nicht innerhalb einer ausreichenden Entfernung geortet werden
- die Anzahl, die Lage und die Bewegung der vom Radar georteten Fahrzeuge
- die genauere Feststellung der Sichtweite, die der Gebrauch des Radars durch Entfernungsmessung in der Nähe von Fahrzeugen oder anderen Gegenständen ermöglicht.

Eine selbstverständliche Verhaltensanweisung, die gegebenenfalls in dem vorstehenden Katalog hätte Berücksichtigung finden können, enthält die Regel 7 c): Aus unzulänglichen Informationen, insbesondere aus unzulänglichen Radarinformationen, dürfen keine Folgerungen gezogen werden. Neben der in der Regel 6 b) in Einzelaspekten aufgeführten Pflicht, sich mit den Leistungsgrenzen und möglichen Fehlerquellen der Radarnavigation vertraut zu machen und diese bei allen Entscheidungen in die Abwägung mit einzubeziehen, kommt der Regel 7 c) keine eigenständige Bedeutung zu.

Aus dem Gesamtzusammenhang aller Regeln der KVR wird deutlich, dass die Regel 7 b) keine generelle Pflicht begründet, stets und bei allen Sichtverhältnissen ein betriebsfähiges Radar auch einzusetzen. Die Pflicht ist abhängig von den Faktoren Sicht und (sichere) Geschwindigkeit. Bei guter Sicht kann die sichere Geschwindigkeit stets auch ohne Einsatz des Radars gefahren werden. Diese Geschwindigkeit mag bei einem Sportboot unter Segeln im freien Seeraum der Rumpfgeschwindigkeit entsprechen und damit zufriedenstellend sein. Für die Berufsschifffahrt dagegen ist die Radaranlage in der Regel ein zusätzliches Ausguckmittel und die notwendige Voraussetzung, um unter allen Umständen eine sichere Geschwindigkeit fahren zu können, die den technischen Möglichkeiten entspricht. Bei verminderter Sicht schließlich kann eine Radaranlage für alle Fahrzeuge die notwendige Voraussetzung sein, um überhaupt auslaufen zu können.
Ausdrückliche Anweisungen für das Verhalten von Fahrzeugen mit Radar bei verminderter Sicht enthält Regel 19 d) der KVR. Danach muss ein Fahrzeug, das ein anderes lediglich mit Radar ortet, ermitteln, ob sich eine Nahbereichslage entwickelt und/oder die Möglichkeit der Gefahr eines Zusammenstoßes besteht. Ist dies der Fall, hat jedes beteiligte Fahrzeug frühzeitig Gegenmaßnahmen zu treffen (bei optischer Sicht ist das anders). Bestehen diese Gegenmaßnahmen in einer Kursänderung, so ist zu vermeiden:

- eine Kursänderung nach Backbord gegenüber einem Fahrzeug vorlicher als querab, außer beim Überholen
- eine Kursänderung auf ein Fahrzeug zu, das querab oder achterlicher als querab ist.

Zusammenfassung

Die gehörige Nutzung eines vorhandenen und betriebsbereiten Radargerätes ist bei verminderter Sicht für jedes Fahrzeug zwingend vorgeschrieben.
Einem Sportbootfahrer kann daher nichts Schlimmeres passieren, als bei dichtem Verkehr in schlechtes Wetter zu geraten und ein Radargerät an Bord zu haben, mit dem er nicht oder nicht ausreichend umgehen kann.

Eine vollständige Auflistung der für den Radareinsatz relevanten KVR-Regeln ist im Anhang abgedruckt.

2 Allgemeine Radarkunde

Geschichte

Der Begriff Radar kommt aus dem Englischen und ist die Abkürzung für »**Ra**dio **D**etection **A**nd **R**anging«.
Die Idee, gepulste elektromagnetische Wellen zur Entfernungsmessung zu nutzen, reicht zurück in die Zwanziger Jahre. Die eigentliche Entwicklung der Radartechnik begann aber erst 1935 in erster Linie auf deutscher und englischer Seite, als die politischen Spannungen in Europa zunahmen. Im Prinzip handelt es sich bei einem Radarsender/-empfänger um eine Sendeanlage im Meter- bis Zentimeter-Wellenbereich mit einem Superheterodyne-Empfänger (Prinzip wie beim Radio) zum Empfang der zurückkehrenden Echos. Das wesentliche Problem lag in der Entwicklung geeigneter Hochleistungssenderöhren und der dazugehörigen Antennen. Bis zum Beginn des Zweiten Weltkrieges gelang es, leistungsfähige Senderöhren für Wellenlängen zwischen 1 m und 50 cm zu entwickeln. Die Anlagen und Antennen hatten damit Größenordnungen angenommen, die einen Einbau auf großen Kriegsschiffen erlaubten. Man konnte erstmals vom Schiff aus andere Schiffe und Flugzeuge orten. Tausende von diesen Anlagen wurden gebaut. Die Mehrzahl wurde zur Flugabwehr an Land eingesetzt. Es waren jedoch ausschließlich Zielverfolgungsanlagen, die zur Ermittlung der Zielwerte noch mechanisch von Hand nachgerichtet werden mussten. Man hatte es geschafft, Anlagen bis hinunter zu einer Wellenlänge von 50 cm zu bauen; Anlagen mit höheren Frequenzen bzw. kürzerer Wellenlänge waren auf deutscher Seite technisch noch nicht realisierbar. Eine Weiterentwicklung wurde nicht ernsthaft betrieben, da man an den baldigen Sieg glaubte.
Im Gegensatz dazu trieben die Alliierten die Radarentwicklung mit allen Mitteln voran und entwickelten schließlich Geräte mit Hochleistungsröhren für die Wellenlängen von 10 cm und 3 cm. Diese Hochleistungsröhren, bekannt unter dem Begriff »Magnetron«, erlaubten den Bau erheblich kleinerer Geräte und kleinerer Antennen mit weitaus höherer Messgenauigkeit als die deutschen Anlagen größerer Wellenlänge. Radaranlagen konnten erstmals sogar in Flugzeuge eingebaut werden.
Außerdem gelang es den Alliierten, das so genannte »Panorama-Radar« zu entwickeln, welches heutzutage als Rundsuchradar bezeichnet wird. Ab 1943 konnten nunmehr per Radar komplette Luftlagebilder erstellt werden.
Der Vollständigkeit halber muss an dieser Stelle erwähnt werden, dass auf alliierter Seite parallel zur Radarentwicklung auch erfolgreich Radarstörsender und Radartäuschkörper (Stanniolstreifen) entwickelt wurden. Beides zusammen führte ab 1943 zu einer völligen Unterlegenheit der deutschen Flugabwehr.
Die Radarentwicklung nach dem Zweiten Weltkrieg ist für den Sportbootbereich insofern wesentlich, als die Geräte kleiner und billiger und sogar Tageslicht-Bildschirme möglich wurden und mit der Digitalisierung eine enor-

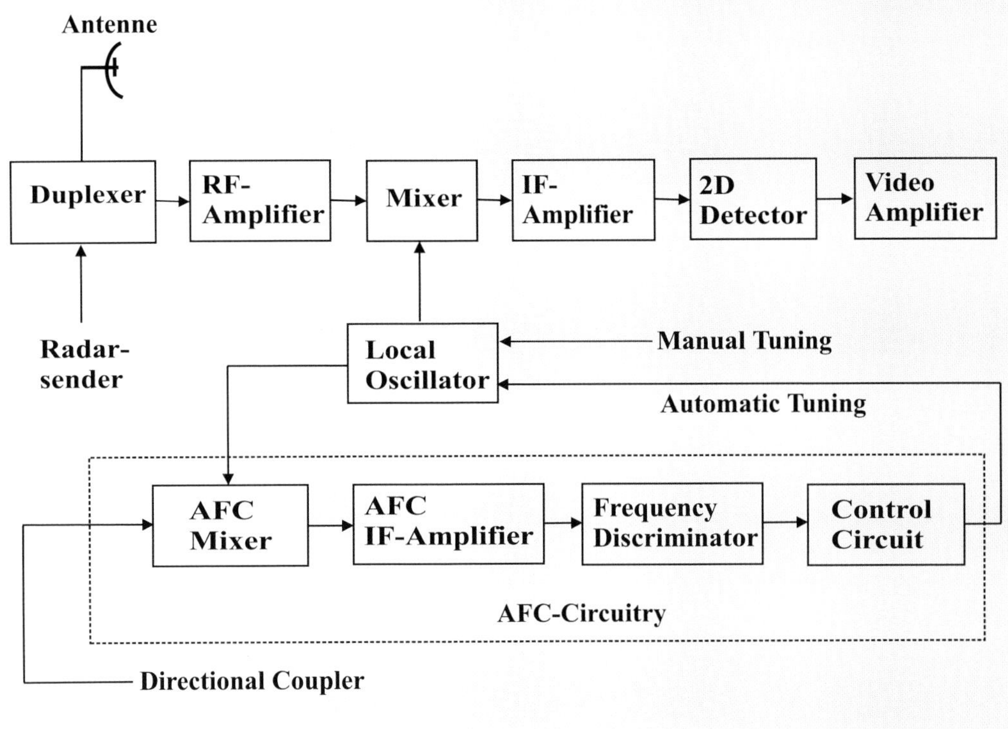

Abb. 1: Blockschaltbild einer Radaranlage (stark vereinfacht).

me Verbesserung der Datenbearbeitung und der Informationsdarstellung gegeben war.

Bestandteile einer Radaranlage

Grundsätzlich handelt es sich bei den Komponenten einer Radaranlage um die gleichen Grundelemente wie bei einem klassischen Radio-Empfänger. Das diesbezügliche Blockschaltbild läuft in der Elektronik unter dem Begriff Superheterodyne Empfänger (siehe Abb. 1).
Der wesentliche Unterschied zum klassischen Rundfunkempfänger liegt jedoch darin, dass wir es hier nicht mit Frequenzen im UKW- bis Langwellenbereich, sondern mit sehr hohen Frequenzen im SHF-Bereich (Super High Frequency) von ca. 10 Gigahertz zu tun haben. Erst die Erfindung des Magnetrons durch die Alliierten im Zweiten Weltkrieg machte den Bau von 10-cm-Weitbereichsanlagen, sowie 5-cm- und 3-cm-Radaranlagen für die Luft- und Seeraumüberwachung und die Radarfeuerleitung möglich.
Die wesentlichen Bestandteile einer Radaranlage sind (siehe Blockschaltbild):

- der Radarsender mit dem Magnetron
- die Antenne
- der Duplexer

- der Empfänger mit den Einheiten für die Frequenzabstimmung und Verstärkung
- der Bildschirm.

Der Sender

Für die Zielsetzung dieses Buches reicht es zu sagen, dass es sich bei den handelsüblichen Sendeanlagen als Frequenzgenerator um ein Magnetron, einen selbsterregenden Hohlraumresonator handelt, der vorgewärmt werden muss (daher die Betriebsart »Standby« mit fester Zeit zum Hochfahren) und dann durch Hochspannung zum Schwingen und somit zur Erzeugung der elektromagnetischen Wellen im SHF-Bereich angeregt wird. Der Begriff »selbsterregend« beim Magnetron besagt unter anderem, dass die Erzeugung der elektromagnetischen Wellen im Hohlraum hinsichtlich ihrer Frequenz von außen nicht steuerbar ist. Durch die Art und Größe der Hohlräume kann man lediglich ein gewisses Frequenzspektrum vorgeben, im Gegensatz zu Wanderfeldröhren und Klystrons (Entwicklungen der Fünfziger Jahre), bei denen auf Grund der Fremderregung von außen die Frequenzen stabil und steuerbar sind. Die in der Senderöhre (Magnetron) erzeugte hochfrequente Energie wird ausgekoppelt und über einen Hohlleiter zur Antenne geführt. Für das Senden und den Empfang wird der Einfachheit halber eine einzige Antenne benutzt. Daher muss während der Zeit der Abstrahlung des Sendeimpulses der Empfänger vor der vergleichsweise hohen Energie dieses Impulses geschützt werden. Das heißt, für die Dauer des Sendeimpulses wird der Empfänger gesperrt (daher innere Totzone[1]) und erst nach Beendigung der Abstrahlung für den Empfang wieder geöffnet. Diese Schaltfunktion, eine Art Weichenstellung (daher der Begriff Sende-/Empfangsweiche oder TR-Zelle; engl. »**T**rans-mit/**R**eceive«) übernimmt der so genannte Duplexer.

Frequenzbereich: SHF Super High Frequency
3–30 GHz = 10–1 cm
Beispiel: 10 GHz = 3 cm
(übliches Seeziel-Radar; gute Auflösung bei passablen Größenordnungen von Sendern, Empfängern und Antennen)

Vereinfachte Funktionsbeschreibung

Ähnlich wie das Echolot Ultraschallimpulse aussendet und über die Laufzeit des Echos die Wassertiefe ermittelt, so sendet das Radargerät hochfrequente Pulse aus und ermittelt über die Laufzeit des Echos die Entfernung.
Wenn man sich jetzt als Sendeantenne eine Antenne mit einer eindeutigen Richtcharakteristik vorstellt, von der man über die Drehmechanik das Azimut der Abstrahlung bzw. des Empfangs genau kennt und als Richtung auf einem Bildschirm darstellen kann, dann haben wir ein Radargerät.
Also: Der Impuls wird ausgesandt, und gleichzeitig beginnt auf dem Radarbild ein unsichtbarer Punkt (um nicht zu verwirren) auf einem Schreibstrahl nach außen zu laufen. Da Radarwellen sich mit Lichtgeschwindigkeit ausbreiten, beläuft die Laufzeit/-geschwindigkeit des Impulses 300 m pro Mikrosekunde. Wird der Impuls von einem Gegenstand reflektiert (siehe Abb. 2) und kommt als Echo zurück, erscheint auf dem Bildschirm ein Punkt, dessen Helligkeit der rückkehrenden Signalstärke und dessen Entfernung vom Ausgangspunkt der Lauf-/Rückkehrzeit entspricht. Wir haben in einer definierten Richtung und Entfernung ein Echo. Die Antenne dreht sich weiter, und der

1) Details unter »Nahbereich«.

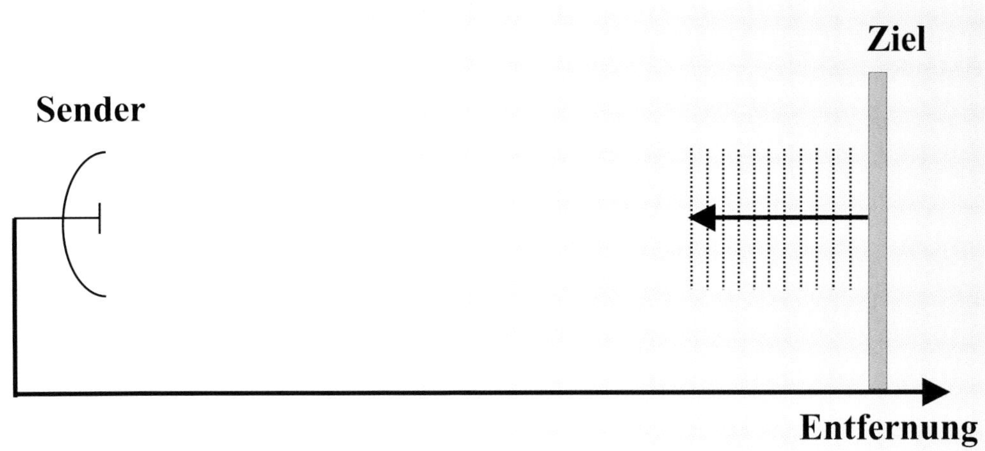

Abb. 2: Grundprinzip des gepulsten Radars.

Vorgang wiederholt sich jedes Mal, wenn ein Echo in die Antenne zurückkehrt. Alle Echos über die Fläche eines Kreises verteilt ergeben zusammen das so genannte Radarbild. Dieser Funktionsablauf entspricht dem technischen Ablauf eines konventionellen Radars.

Moderne Seeraum-Radaranlagen haben heute eine raffiniertere Bearbeitung des ZF-Signals bis zum Video sowie synthetische Bilddarstellungen, d.h. für ein modernes Tageslichtradargerät werden die Messwerte der Echos einem Raster zugeordnet, in das das Radarbild unterteilt ist und das dann digital aufbereitet wird. Erst bei vorher definierter Wiederholungshäufigkeit (z. B. 3 von 4 Empfangszyklen) erfolgt auf dem Bildschirm eine Abbildung. Die Darstellungsqualität hängt von der Feinheit des Rasters ab (z.B. 480 x 650 Punkte auf einem 7- bis 10-Zoll-Bildschirm).

Die Darstellung kann auf Katodenstrahlröhren (wie Fernsehgerät) oder sehr flachen LCD-Bildschirmen erfolgen.

Wichtige Begriffe

Im folgenden Kapitel werden die wesentlichen für die Bedienung des Radargerätes und die Auswertung des Radarbildes erforderlichen Parameter erklärt. Weitere technische Begriffe als auch Ergänzungen finden sich im Anhang.

Radarkimm und Antennenhöhe

Radarwellen breiten sich ebenso wie die Lichtwellen geradlinig aus. Daher ist die Radarreichweite sowohl von der Antennenhöhe als auch von der Höhe des Radarzieles abhängig. Im Prinzip ist es auf Grund der Erdkrümmung dieselbe Problematik wie bei der optischen Sichtweite, die bekanntlich auch abhängig ist von der Augenhöhe und der Höhe des Zieles. Für uns Sportbootfahrer reicht es zu wissen, dass auf Grund der unterschiedlichen Refraktion der Licht- und Radarwellen in der Erdatmosphäre die optische Kimm ($e = 2{,}075 * \sqrt{h}$) etwas größer ist als die geometrische Kimm und dass die Radarkimm wiederum etwas größer ist als die optische Kimm.

Beispiele für die Radarkimm bei Zielhöhe Null

Antennenhöhe	optische Kimm	Radarkimm
3 m	3,59 sm	3,86 sm
6 m	5,08 sm	5,46 sm
9 m	6,23 sm	6,69 sm
12 m	7,19 sm	7,72 sm
16 m	8,30 sm	8,92 sm
20 m	9,28 sm	9,97 sm

Auf die Darstellung der Unterschiede zwischen geometrischer, optischer und Radarkimm sowie der unterschiedlichen Refraktion wird hier verzichtet.
Die Radarkimm beträgt bei einer Zielhöhe von Null Metern:

$$e = 2{,}230^* \sqrt{h} \text{ (h = Antennenhöhe).}$$

Bei Zielhöhen größer Null wird daraus:

$$e = 2{,}230^* \sqrt{h} + 2{,}230^* \sqrt{H} \text{ (H = Zielhöhe).}$$

Das heißt für den Radarbeobachter, dass seine Radarreichweite nicht notwendigerweise mit dem technisch schaltbaren Messbereich identisch ist, sondern dass die maximale theoretische Radarreichweite durch die Radarkimm bestimmt wird. Wenn man zum Beispiel auf einer Segelyacht seine Radarantenne in einer Höhe von 12 m über der Wasserlinie angebracht hat, dann müssten ein Handelsschiff mit 20 m hohen Aufbauten bereits ab 17,69 sm und eine 2 m große Tonne mit Radarreflektor bereits ab 10,9 sm auffassbar sein.

Derartige Radarreichweiten bis zur Radarkimm sind mit den üblichen Anlagen für Sportboote wegen zu geringer Echoimpulsleistung und der atmosphärischen Dämpfung im Allgemeinen aber nicht zu erreichen.

Radarreichweite und Echoimpulsleistung

Die maximale Radarreichweite bzw. der Empfang eines Radarechos ist primär abhängig von der Impulsleistung des zur Antenne zurückkehrenden Echos; etwas einfacher gesagt: von der Signalstärke des Echos. Das ist einleuchtend, denn jeder weiß, wo kein ausreichendes Empfangssignal ist, da ist auch kein Fernseh- oder Radioempfang möglich. Das heißt, das Empfangssignal muss eine von der Qualität des Empfängers abhängige Mindeststärke haben. Der Techniker sagt, das Signal muss ein bestimmtes »Signal/Störverhältnis« oder engl. »Signal-to-Noise Ratio« haben. Die Grenze des Radarempfangs ist unterschritten, wenn das zur Antenne zurückkehrende Signal unterhalb des Eigenrauschens des Empfängers liegt (sprich, wenn das Signal zu schwach ist).
Weiterhin ist heutzutage jedem bekannt, dass das Empfangssignal umso besser ist, je »stärker« der Sender (das abgestrahlte Signal) ist, denn der Empfang wird mit größer werdender Entfernung zum Sender immer schwächer. All das gilt natürlich auch für Radarwellen. Für den Radarempfang kommt nur noch hinzu:

- dass die empfangende Antenne dieselbe ist, wie die abstrahlende Antenne
- dass das Radarsignal nicht nur den Weg vom Sender zum Ziel, sondern zusätzlich denselben Weg zurück zurücklegen muss
- dass am Ziel nur ein Bruchteil der ausgesandten Energie ankommt und davon in Abhängigkeit von der »effektiven Reflektionsfläche« des Zieles auch nur ein Teil der Radarenergie auf den Weg zurück geschickt wird
- wovon wiederum nur ein Teil von der Radarantenne empfangen werden kann.

Der Physiker drückt diese Problematik mit der folgenden Formel aus:

$$Pe = Ps \cdot \frac{G^2 \cdot \lambda^2 \cdot \delta}{(4\pi)^3 \cdot e^4}$$

Das heißt, die Signalstärke des Echosignals (Pe) am Empfänger ist direkt abhängig von:

- der Stärke des ausgesandten Signals an der Sende-Antenne (Ps)
- dem Quadrat des Antennengewinns G (Ausdruck für die Qualität und Größe der Antenne)
- dem Quadrat der Wellenlänge λ (lambda; für uns immer 3 cm Radarwellen)
- der »effektiven Reflektionsfläche« δ (delta) des Zieles.

Weiterhin besagt die Formel, dass das Echosignal Pe gegenüber dem Ausgangssignal Ps des Senders bei seiner Ausbreitung mit der vierten Potenz der Entfernung e schwächer wird. Das mag für in der Physik weniger bewanderte Leser überraschend sein, lässt sich aber ganz einfach erklären: Auf Grund des Öffnungswinkels der Antenne (Bündelung) breitet sich der Sendeimpuls von der Antenne kommend flächenmäßig ständig vergrößernd in den Raum aus. Die Fläche, über die sich die Energie verteilt, wächst mit dem Quadrat der Entfernung e von der Antenne. Daher nimmt die Leistungsdichte (Radarenergie bezogen auf eine immer gleich große Fläche z. B. 1 m^2) mit e^2, dem Quadrat der Entfernung ab, und das Ziel wird zwangsläufig auch nur mit entfernungsabhängig ausgedünnter Energie bestrahlt. Dasselbe trifft für den Rückweg zu. Die vom Ziel rückgestrahlte Energie wird sich auf dem Rückweg zur Antenne ebenfalls entsprechend im Raum ausbreiten. Auf die Fläche der Radarantenne wird dann nur noch die um die vierte Potenz der Entfernung e reduzierte Energie zurückkehren.

Für uns Sportbootfahrer ist es wichtig zu wissen: Die Radarwellen werden auf ihrem Weg zum Ziel und zurück mit der vierten Potenz der Zielentfernung abgeschwächt. Das ist ein großer Leistungsverlust und somit der wichtigste Faktor für unsere begrenzte Radarreichweite.

Je stärker das Ausgangssignal Ps ist, umso stärker ist das Echosignal bzw. umso größer ist die Radarreichweite. Aber leider auch umso größer, schwerer und teurer ist die Anlage. Je höher der Antennengewinn ist, das heißt im Prinzip, je besser die Bündelung und je größer die Antenne ist, umso stärker ist das Echosignal bzw. umso größer ist die Radarreichweite. Je größer die »effektive Reflektionsfläche« des Zieles ist, umso stärker ist das Echosignal bzw. umso größer ist die Radarreichweite.

Zusammenfassung

Man kann also sagen: Die wesentlichen Qualitätsmerkmale einer Radaranlage sind die Qualität des Empfängers und die genannten technischen Werte wie die Senderausgangsleistung und die Art und die Bündelung der Antenne. Sendeleistungen zwischen 2 KW bei Radom-Antennen mit ca. 45 cm Durchmesser und bis zu 10 KW bei Schlitzstrahlern von ca. 180 cm Länge sind heutzutage erhältlich.

Sportbootfahrer sollten ihre Radarreichweiten gegenüber Standardzielen kennen und immer wieder überprüfen.
Die Wahl des Messbereiches sollte wohl überlegt sein. Die praktischen Reichweiten-Erfahrungen der Vergangenheit, die Wetterverhältnisse und das jeweilige Seegebiet sind zu berücksichtigen. Messbereiche von mehr als 6 sm machen für Sportbootfahrer nur Sinn, wenn die Voraussetzungen für Ortungen auf diese Distanzen gegeben sind.
Messbereiche von mehr als 12 sm zu schalten, macht auf Sportbooten meist keinen Sinn. Sportbootanlagen weisen im Allgemeinen keine so großen Sendeleistungen auf, dass trotz der negativen Beeinträchtigungen durch die atmosphärischen Bedingungen, den Seegang und das Reflektionsverhalten der Radarziele Reichweiten von mehr als 12 sm möglich sind. Kleine Fahrzeuge, kleine Tonnen und sonstige schwach reflektierende Objekte werden kaum weiter als 2,5 sm geortet.
Seegangsreflexe, die Verwendung der Seegangsenttrübung und die atmosphärische Dämpfung reduzieren die obigen Reichweiten gegenüber kleinen Objekten zusätzlich.

(Weitere Angaben zu empirischen Radarreichweiten siehe Kapitel 5 »Radarnavigation«.)

Radarreichweite und atmosphärische Dämpfung

Jeder, der schon einmal am Radargerät gesessen ist, weiß, dass die technisch möglichen Reichweiten der Radaranlagen in der Praxis oft nicht erreicht werden. Die Ursache liegt in der atmosphärischen Dämpfung des Radarsignals.
Atmosphärische Dämpfung bedeutet, dass die Radarwellen auf ihrem Ausbreitungsweg (Hinweg zum Ziel und Rückweg zur Antenne) Verluste durch die Atmosphäre erleiden: Sie werden gedämpft. Diese Verluste kommen einmal dadurch zustande, dass sich die Strahlung in den Raum verteilt. Dem versucht man durch eine gute Bündelung entgegen zu wirken. Andererseits treten die Radarwellen mit dem Ausbreitungsmedium in Wechselwirkung. Dabei sind zwei Wirkungen zu unterscheiden: Die Absorption und die Streuung. Die Verluste durch Absorption[2)] sind vergleichsweise gering gegenüber den Verlusten durch Streuung. Das heißt, die Radarwellen werden an den Feuchtigkeits- und Staubpartikeln der Atmos-

Verluste eines Sendeimpulses eines 3-cm-Radars nach Durchlaufen von 12 sm[3)]

	Wasserdampfmoleküle	Sauerstoffmoleküle	
Verluste durch Absorption	0,4 %	3,5 %	
	Regen 1,25 mm/h	Regen 25 mm/h	Nebel (30 m Sicht)
Verluste durch Streuung	5,8 %	94,2 %	40,0 %

2) Absorption bedeutet in diesem Falle Verluste durch Anregung der Moleküle in der Luft.
3) Quelle: DGON. »Radar in der Schifffahrtspraxis«

phäre diffus gestreut. Damit geht die gestreute Strahlung der zum Ziel bzw. der zur Antenne gerichteten Strahlung verloren. Die Bedeutung der durch Absorption und Streuung auftretenden Verluste wird aus der vorhergehenden Tabelle deutlich.

Konsequenzen für die Praxis

Jegliche Art von Feuchtigkeitspartikeln und Niederschlägen sowie die Verwendung der Regenenttrübung reduzieren die technisch möglichen Reichweiten gegenüber kleinen Objekten u. U. erheblich.
Starker Regen, Hagel oder Schnee dämpfen die abgestrahlten Radarwellen möglicherweise so stark, dass der dahinter liegende Bereich völlig abgeschattet ist. Daran ändert die Reduzierung der Regentrübung durch Verwendung von »Anti Rain Cluttern« auch nichts.
(Weitere Angaben zu empirischen Radarreichweiten siehe Kapitel 5 »Radarnavigation«.)

Reichweite in Abhängigkeit von Impulslänge und Impulsfolgefrequenz

Die Radarreichweite ist, wie bereits erwähnt, abhängig von der abgestrahlten Energie, wobei diese wiederum direkt abhängig ist von der Impulsspitzenleistung, der Impulslänge und der Wellenlänge und indirekt proportional der Impulsfolgefrequenz.
Das heißt einfach gesagt: Grundsätzlich kann man mit höherer Impulsspitzenleistung (Leistung pro Impuls) und größerer Wellenlänge (gleichbedeutend mit niedrigerer Radarfrequenz) auch eine größere Radarreichweite erzielen. Leider wachsen mit niedrigerer Frequenz und höherer Impulsspitzenleistung aber auch die Gewichte und Abmessungen einer Anlage überproportional. Die Betrachtung dieser technisch/physikalischen Probleme ist für Sportbootfahrer und Handelsschiffe jedoch uninteressant. Die Entwicklungserfahrungen haben dazu geführt, dass das Gros, der in der zivilen Schifffahrt verwendeten Seeraum-Radare, im 3-cm-Bereich arbeitet. Für Handelsschiffe, auf denen es keine Gewichtprobleme gibt, werden für größere Reichweiten oftmals auch Anlagen im 5-cm-Bereich installiert.
Wichtig beim Kauf einer Sportbootanlage ist, dass man auf eine gute Ausgangsleistung (ca. 3 KW) achtet. Aber fast alle heutigen Radaranlagen haben eine ausreichende Impulsspitzenleistung, zumal es nur wenige Röhrenhersteller gibt.
Neben der Impulsspitzenleistung ist die **Impulslänge** (engl. »pulse duration« = PD) ein Maß für die abgestrahlte Energie. Je höher die abgestrahlte Energie, umso größer die Reichweite einer Anlage. D.h. je länger der Impuls, umso mehr Energie steckt in ihm. Somit kann ein längerer Impuls unter Berücksichtigung der atmosphärischen Dämpfung eine größere Distanz durchlaufen als ein kürzerer Impuls.
Daher besitzt jedes Radargerät für eine größere Reichweiteneinstellung auch gleichzeitig die Schaltmöglichkeit für einen längeren Sendeimpuls.
Die größere Reichweite am Radar bedeutet aber für den Empfang und die Darstellung am Bildschirm, dass man von einem Sendeimpuls bis zum nächsten eine längere Zeit (Laufzeit auf dem Bildschirm) bis zur Rückkehr des letzten aus größter Entfernung zurückkehrenden Echos verstreichen lassen muss. Das heißt, dass man pro Zeiteinheit (pro Sekunde) weniger Impulse aussenden kann. Das bedeutet, dass die Häufigkeit (Frequenz) der ausgesandten Impulse pro Sekunde bei größerer Reichweite geringer sein muss. Der Physiker sagt, größere Reichweite bedeutet eine geringere **Impulsfolgefrequenz** (= IFF; engl. »PRF« = »pulse repetition frequency«) und damit auch eine geringere Datenrate.

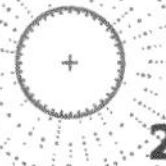

Fasst man die soeben dargestellten Zusammenhänge zwischen Radarreichweite, PD und IFF nochmals zusammen, so ergibt sich: Die Radarreichweite ist direkt abhängig von der Impulslänge und indirekt abhängig von der Impulsfolgefrequenz. Weiterhin kann man sagen, dass mit dem größeren Radarbereich die Datenrate (wegen der niedrigeren PRF) und die radiale Zieldiskriminierung (wegen der größeren PD) abnehmen.

Konsequenzen für die Praxis

Um ein Optimum an Reichweite, Datenrate und Radialauflösung zu erhalten, müssen die PRF und die Impulsdauer/-länge dem Messbereich angepasst werden.
Bei engem Fahrwasser und Hafenansteuerungen sollte man einen kleinen Radarbereich bei kurzem Impuls und hoher Impulsfolgefrequenz schalten. So erhält man eine höhere Datenrate mit kleineren und saubereren Echos (höhere Messgenauigkeit) und besserer radialer Auflösung.
Freier Seeraum bedeutet: größerer Radarbereich, gleichbedeutend mit niedriger PRF und langem Impuls. So erhält man eine größere Radarreichweite mit einer geringeren Datenrate und größeren Echos.
Moderne Radaranlagen erledigen diese Problematik im Prinzip automatisch bei Bereichsumschaltungen, erlauben aber oftmals über das Menü in Grenzen auch manuelle Voreinstellungen, die dann der obigen Logik folgen müssen.

Nahbereich oder Innere Totzone

Unter Nahauflösung oder Nahbereich versteht man die Mindestentfernung vom Mittelpunkt, von der ab ein Echo gerade schon abgebildet werden kann. Dieser Bereich wird auch als die Innere Totzone bezeichnet, in der ein Echo nicht darstellbar ist (bei 3-cm-Radaren und kurzem Impuls ca. 30 m). Für mathematisch/ physikalisch Interessierte sei gesagt,

Abb. 3: Unter dem Nahbereich bzw. der Inneren Totzone versteht man die Mindestentfernung vom Sendermittelpunkt aus, ab der ein Echo gerade schon abgebildet werden kann.

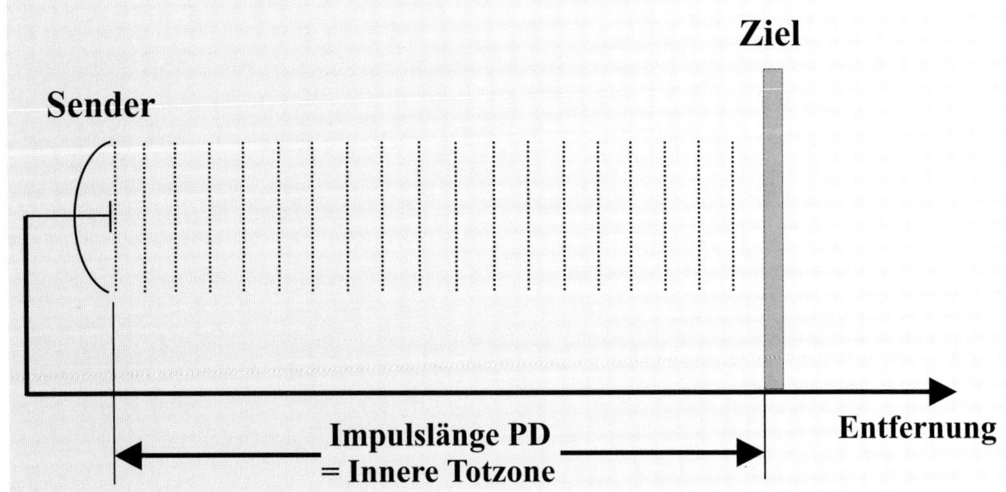

dass der Nahbereich im Prinzip der halben Impulslänge entspricht, da der Duplexer erst nach Ende des Sendeimpulses (PD) von Senden auf Empfangen umschalten kann. Das heißt also bei langem Impuls und großem Radarbereich hat man eine große Totzone/Nahbereich und umgekehrt. In der Praxis ist die Innere Totzone auf Grund der Seegangsechos noch etwas größer. Bei kleinem Radarbereich erscheint sie bei korrekt eingestellter Verstärkung als weißer, fast kreisförmiger Bereich um den Mittelpunkt des Bildes.

Radarkeule, Antennenbündelung, Hauptkeule, Nebenkeulen

Die Radarkeule (siehe Abb. 4) ist das elektromagnetische Feldstärke-Diagramm oder Antennendiagramm der von einer Radarantenne abgestrahlten Energie. Leider strahlt die Radarantenne die Leistung nicht ausschließlich in der Hauptkeule ab. Ein geringer Teil wird auch zur Seite und sogar nach hinten abgestrahlt. Diese unerwünschten Abstrahlungen werden als Nebenkeulen bezeichnet. Sie können zu Störechos führen. Daher versucht man durch die Bauart der Radarantenne, diese Nebenkeulen so gering wie möglich zu halten. Ganz lassen sie sich aber nicht vermeiden.

Abbildung 4 stellt einen horizontalen Schnitt durch die abgestrahlte Energie einer Parabolantenne dar. Die Hauptachse (Mittelachse) ist normalerweise auch die Linie höchster Leistungsdichte. Verbindet man die Messpunkte halber elektromagnetischer Feldstärke (3dB-Punkte) gegenüber der Mittelachse miteinander, so erhält man die sogenannte Keulenbreite. Der Winkelwert der 3dB-Punkte zur Hauptachse ist ein Maß für die horizontale Bündelung der abgestrahlten Radarenergie bzw. ein Maß für die Bündelung der Antenne. Gleichzeitig stellt dieses Antennendiagramm eine Qualitätsangabe für den Empfang der rückkehrenden Signale dar. Je kleiner der Winkelwert, umso besser ist die Bündelung und damit auch die Anlage.

Abb. 4: Horizontales Antennendiagramm einer Parabolantenne (der Nebenzipfel ist zur Verdeutlichung stark überzeichnet).

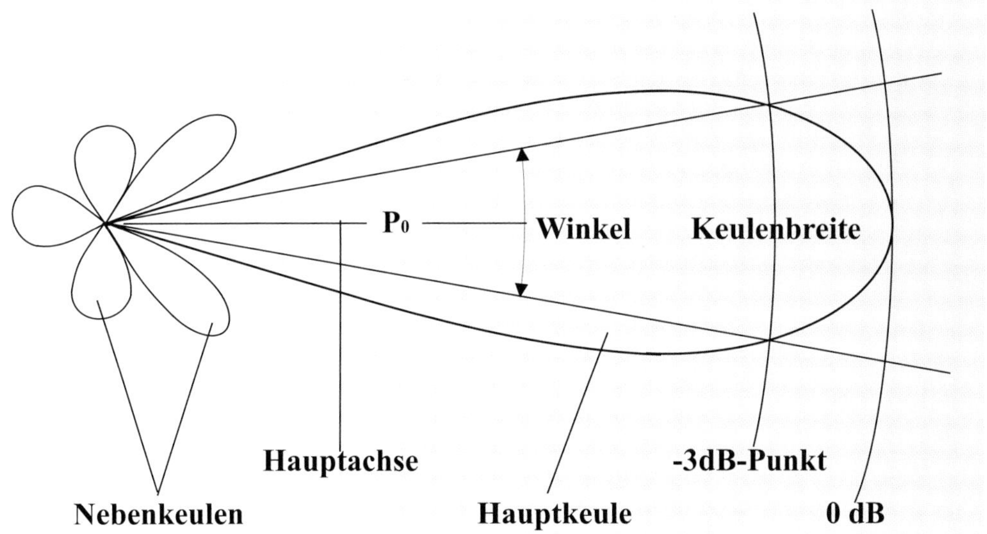

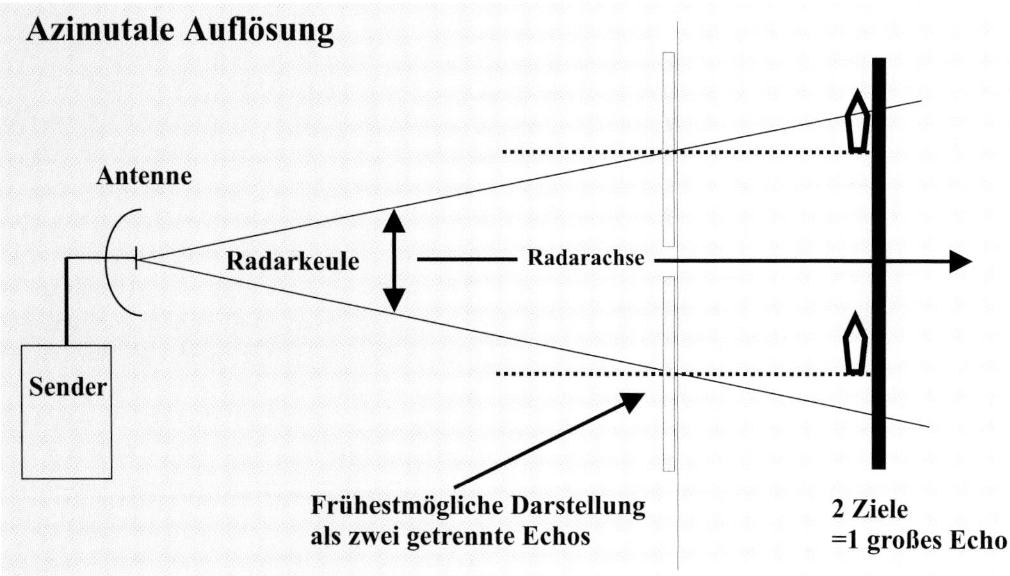

Abb. 5: Horizontale Zieldiskriminierung/-auflösung

Im Prinzip erzielt man die beste Bündelung von Radarfrequenzen mit einem Parabolspiegel (wie bei Satelliten-Antennen; diese arbeiten im selben Frequenzbereich). Da man bei einem Seeraum-Radar jedoch nur im Azimut eine gute Richtcharakteristik/Bündelung benötigt, entsprechen die Radarantennen für Seeraum-Radar-Anlagen einem horizontalen scheibenartigen Ausschnitt aus einer Parabolantenne mit einem davor im Brennpunkt liegenden Hornstrahler zur Abstrahlung der Radarwellen in den Spiegel. D. h. die Antenne ist eigentlich nur ein die Energie bündelnder Reflektor oder Spiegel.

Die **horizontale Bündelung** der Antenne bestimmt das Auflösungsvermögen bzw. die **Zieldiskriminierung** einer Radaranlage im Azimut (ca. 3°–5°). Sie ist in erster Linie abhängig von der Bauart und der Größe der Antenne.

Im Allgemeinen geht man davon aus, dass Ziele so lange abgebildet werden, wie sie von der Radarkeule »bestrichen« werden; das heißt, die Zielerfassung erfolgt nur im Bereich der nominalen Keulenbreite oder technisch ausgedrückt, im Bereich zwischen den 3dB-Punkten. Logischerweise fällt die Energiedichte der abgestrahlten Radarenergie außerhalb der 3dB-Punkte aber nicht schlagartig auf Null ab, sondern sie wird nur rapide geringer. Daher ist leicht einsehbar, dass Radarziele mit guten Reflektionseigenschaften auch aus dem Bereich rechts und links der Radarkeule unter Umständen noch so stark reflektieren (je näher umso stärker), dass das Radarecho azimutal erheblich größere Ausmaße annehmen kann als der Keulenbreite entspricht. Außerdem sorgen die Nebenkeulen im Nahbereich für eine Verbreiterung der Objekte, was ebenfalls zu falschen Vorstellungen über die Größe des Objektes führen kann.

Azimutale Zieldiskriminierung/ Auflösung

Wie man in Abbildung 5 erkennt, kann die Bündelbreite der Radarkeule auf größere Entfernungen erhebliche Ausmaße annehmen. Somit ist die Größe des Ziel-Echos aber auch die Unterscheidbarkeit (Zieldiskriminierung) nicht nur abhängig von der Bündelbreite (Halbwertsbreite) der Radarkeule, sondern ebenso von der Entfernung des Zieles zur emittierenden (aussendenden) Radarantenne.

Konsequenzen für die Praxis

Um zwei unterschiedliche Ziele von einander unterscheiden zu können, muss ihre Entfernung zueinander mindestens genauso groß sein, wie die Bündelbreite der Radarkeule an der Stelle ist, an der sie auf die Ziele trifft.
Gut reflektierende Fahrzeuge verursachen erheblich breitere Echos als solche mit schlechten Reflektionseigenschaften. Daraus resultiert, dass das azimutale Auflösungsvermögen bei gut reflektierenden Objekten schlechter ist als die Nominalwerte der Bündelbreite. So ist es nicht verwunderlich, dass gut reflektierende Ziele (z. B. Hafeneinfahrten) u. U. zu einem einzigen Objekt verschmelzen, obwohl sie auf Grund der Entfernung bereits als zwei getrennte Hafenmolen erscheinen müssten.
Das ist insbesondere nachts sehr ärgerlich, wenn die Hafeneinfahrt optisch nur schwer im Lichtermeer erkennbar ist. Hier kann das Radar eine gute Hilfe sein, denn die Molen sind meistens gut reflektierende Objekte. Aber sowohl die radiale als auch die horizontale Auflösung kann die Erkennung der Details bis zur unmittelbaren Annäherung erschweren. Hier

Abb. 6: Die azimutale Auflösung am Beispiel einer Hafeneinfahrt.

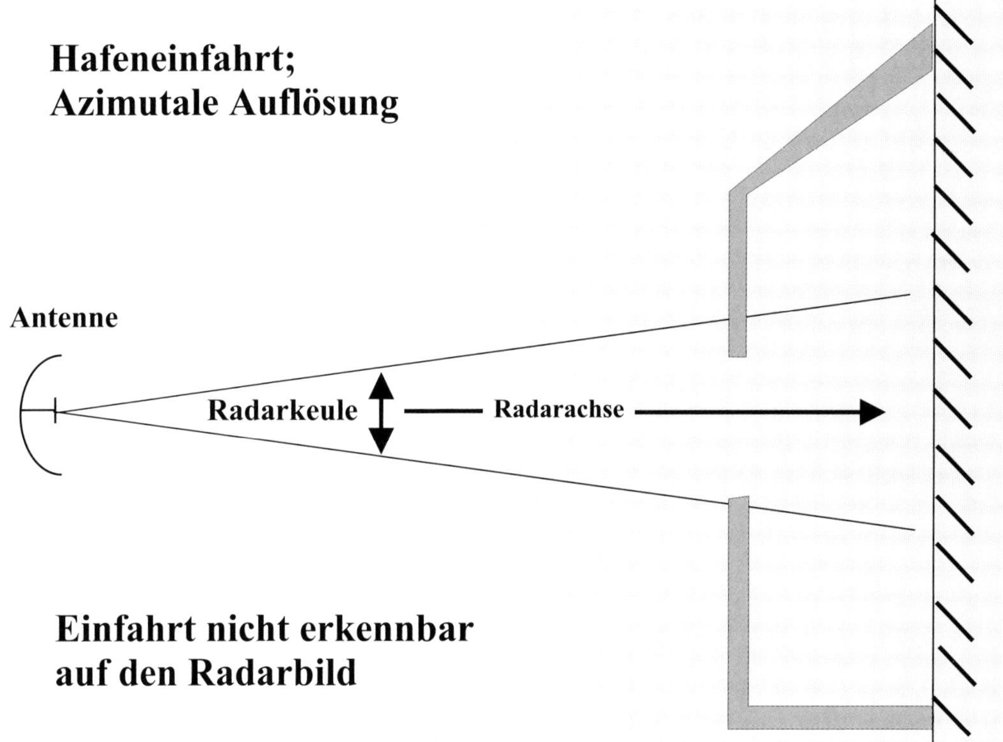

Abb. 7: Typische Schlitzantenne.

hilft dann nur Geduld und die Kenntnis der Ursachen. Siehe auch Abbildung 6.

Bei den meisten modernen Sportboot-Radaranlagen findet man statt einer Parabolantenne einen **Schlitzstrahler** (siehe Abb. 7). Diese Antenne ist im Prinzip ein am Ende verschlossenes Hohlleiterstück (die Einspeisung erfolgt von unten), in dessen schmale, senkrechte Vorderseite in genau definiertem Abstand parallele Schlitze eingeschnitten sind. Aus diesen Schlitzen treten die Radarwellen aus und bilden durch Überlagerungen und Interferenzen mit nachbarlich austretenden Radarwellen in ihrer Gesamtheit eine senkrecht nach vorne gerichtete Radarkeule. Auf Grund dieser besonderen Technologie weisen derartige Antennen eine recht gute Bündelung und weniger Nebenkeulen als Parabolantennen auf.

In der Praxis sprechen wir bei einem Schlitzstrahler auch von einem »Radarbalken«. Je länger dieser Balken ist, umso besser ist die horizontale Bündelung[4]. Aus praktischen und aus schiffbaulichen Gründen sind der Länge des Balkens jedoch Grenzen gesetzt.

Soll auf Segelyachten der Balken dann sogar noch in einem **Radom** (siehe Abb. 8) von maximal 60 cm Durchmesser untergebracht

4) Die genannten Winkelwerte beziehen sich auf Anlagen der Firma Raytheon.

sein, so kann der Balken maximal 50 cm lang sein, wodurch die horizontale Bündelung nicht weniger als 4° betragen kann. Bestehen keine baulichen Beschränkungen hinsichtlich der Unterbringung der Radarantenne, so kann man bei derselben Radaranlage oftmals einen Balken von ca. 1,25 m Länge wählen und kommt so konstruktiv zu einer horizontalen Bündelung von nur 2°. Bei noch längeren Balken, z. B. von 1,85 m Länge, sind sogar Winkelwerte von 2° bis 1,1° erreichbar.

Die **vertikale Bündelung** (siehe Abb. 9) eines solchen »Balkens« als auch der vergleichbaren Parabolantennen ist im Prinzip schlecht, das heißt, man findet hier Abstrahlcharakteristika von 25°–30° und mehr. Das ist zwar ein erheblicher Energieverlust (= Reichweiten-Einbuße) in einem nicht nutzbaren Bereich, stellt aber bei schwankender Plattform einen Vorteil dar, da die Radarkeule nicht bei jeder Schwankung gleich von der Wasseroberfläche abhebt.

Radiale Zieldiskriminierung/ Auflösung

Die radiale Zieldiskriminierung (Auflösung in der Entfernung) ist abhängig von der Länge des ausgesandten Radarimpulses (PD). Mathematisch ausgedrückt heißt dies:

$$A(m) = \frac{300 \cdot PD(\mu sec)}{2}$$

Auflösung A(m) = 300 m x Impulsdauer PD (in µsec) dividiert durch 2

Abb. 8: Typischer Radom – hier das Raytheon Radar R40XX.

Abb. 9: Vertikales Strahlungsdiagramm – die Aufzipfelung der Radarkeule.

Beispiel: PD = 1 µsec.
Damit wäre die radiale Zieldiskriminierung 150 m, d.h. alle Ziele, die 150 m und näher beieinander liegen, können nur als ein einziges Ziel dargestellt werden.

Regel:
Die Zielauflösung zweier in einer Peilung liegender Ziele ist nur möglich, wenn der Abstand größer ist als die halbe Impulslänge PD.
Oder:
Die radiale Zieldiskriminierung ist umso besser, je kürzer der Puls ist.

Diese Aussagen sind in Abbildung 10 noch einmal verdeutlicht. Das Echo des zweiten Zieles schließt so lange nahtlos an das Echo des ersten Zieles an, wie der radiale Abstand zwischen den beiden Zielen nicht größer ist als die halbe Impulslänge.

Fasst man das soeben Dargestellte zur Zieldiskriminierung unter Berücksichtigung der vorher dargestellten Zusammenhänge zwischen Radarreichweite, PD und IFF nochmals zusammen, so ergibt sich:

Zusammenfassung

Die Radarreichweite ist indirekt (umgekehrt) abhängig von der Impulsfolgefrequenz und direkt abhängig von der Impulslänge.
Weiterhin kann man sagen, dass mit dem größeren Radarbereich die Datenrate (wegen der niedrigeren PRF) und die radiale Zieldiskriminierung (wegen der größeren PD) abnehmen, während die Echogröße im gleichen Maße zunimmt.
Oder vereinfacht:
Großer Radarbereich = große Echos bei geringer Auflösung und niedriger Datenrate
Kleiner Radarbereich = kleinere präzisere Echos, höhere Datenrate und bessere Auflösung

Konsequenzen für die Praxis

Um für die jeweilige Situation ein Optimum an Reichweite, Datenrate und Radialauflösung zu erhalten, müssen die PRF und die Impulsdauer/-länge dem Messbereich angepasst werden.

- Bei engem Fahrwasser und Hafenansteuerungen sollte man einen kleinen Radarbe-

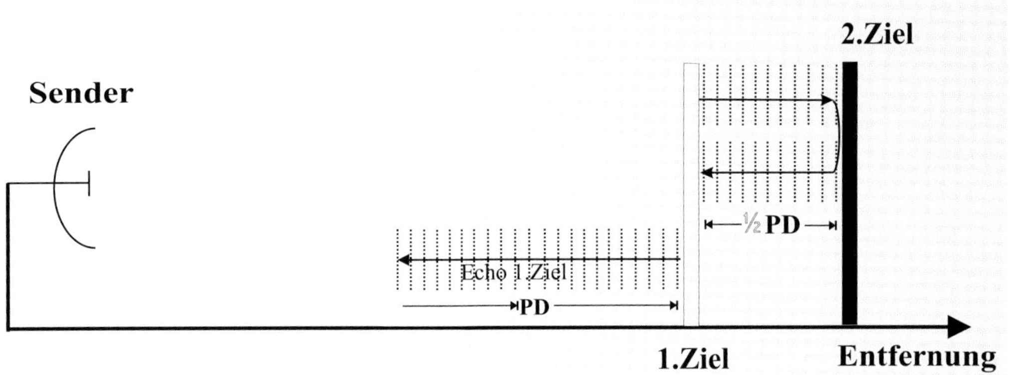

Abb. 10: Radiale Zieldiskriminierung/-auflösung.

reich bei kurzem Impuls und hoher Impulsfolgefrequenz schalten. So erhält man eine höhere Datenrate mit kleineren und saubereren Echos (höhere Messgenauigkeit).

- Für den freien Seeraum benötigt man einen größeren Radarbereich, gleichbedeutend mit niedriger PRF und langem Impuls. So erhält man eine größere Radarreichweite mit einer geringeren Datenrate und größeren Echos.

Wie bereits erwähnt, erledigen moderne Radaranlagen diese Problematik im Prinzip automatisch bei Bereichsumschaltungen, erlauben aber oftmals über das Menü in Grenzen auch manuelle Voreinstellungen, die dann den eben dargestellten Bedingungen folgen müssen.

Echogröße eines Zieles

Wie man leicht aus der nachfolgenden Grafik (Abbildung 11) entnehmen kann, wird ein Ziel so lange die Radarimpulse reflektieren, wie es von der Radarkeule bestrahlt wird. Daraus resultiert, dass ein punktförmiges Ziel *mindestens mit der azimutalen Breite* abgebildet wird, die der Keulenbreite in der betreffenden Entfernung entspricht.

Auf Grund der oben dargestellten physikalischen Zusammenhänge erscheinen auf dem Bildschirm kleine Objekte (mit guten Reflektionseigenschaften) auf große Entfernungen weitaus größer als es ihrer realen Größe entspricht. Ein stark reflektierendes Punktziel in 10 sm Entfernung erzeugt beispielsweise auf dem Bildschirm eines Radars mit einer Keulenbreite von 1,5° und einer Impulsdauer von 1 µsec ein Echo in der Breite von 10 sm * tan1,5° = 485 m. Hat also ein Sportboot einen effizienten Radarreflektor, so wird es schon auf größere Entfernungen ein kräftiges Echo liefern (u. U. sogar erheblich größer als die Keulenbreite), was seitens ungeübter Radarbeobachter durchaus falsch eingeschätzt werden kann. Aber selbst bei Profis hat der Verfasser derartige Fehlinterpretationen erlebt. (Da gute Radarreflektoren nicht zum Standard von Sportbooten gehören, wurde der Verfasser vor ein paar Jahren als er im Jade-Weser-Bereich das Weser-Fahrwasser querte und dann bei Hochwasser über die Sände in Richtung Jade-Fahrwasser fuhr, von der Revierzentrale angerufen. Die Ursache lag in der Größe des Radarechos auf den Bildschirmen der Revierzentrale.)

Die **radiale Ausdehnung** des Echos eines punktförmigen Zieles gehorcht der Formel:

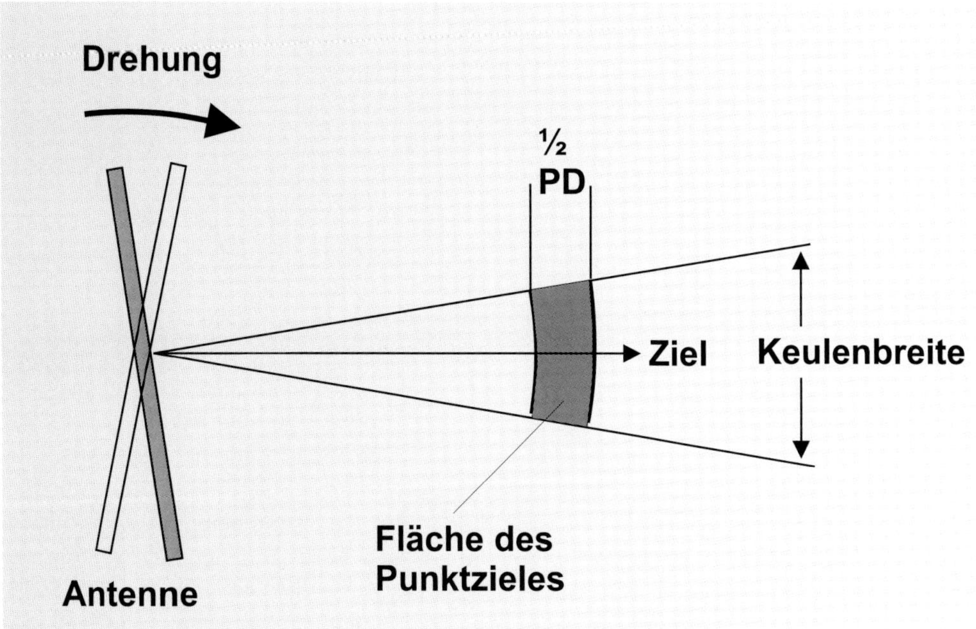

Abb. 11: Die Echofläche eines Punktzieles.

$$\Delta e = \frac{c \times \tau}{2}$$

Δe = Entfernungsdifferenz oder radiale Ausdehnung
C = Lichtgeschwindigkeit (300m/µsec)
τ = Impulsdauer (µsec)

Der Wert für die Lichtgeschwindigkeit ist eine Konstante. Daher kann man sagen, dass die radiale Ausdehnung des Echos abhängig ist von der halben Impulsdauer.

Somit ergibt sich die **Mindestausdehnung (Mindestfläche) eines Radarechos** als Keulenbreite mal der halben Impulsdauer:

$$F = \frac{PD}{2} \times Keulenbreite$$

Heutzutage liefern die modernen Radaranlagen mit ihren synthetischen Radarbildern im Gegensatz zu den älteren Anlagen mit ihrem »rohen Radarbild« ein sehr sauberes Radarbild mit klar abgegrenzten Echos. Daher kann man leicht den Eindruck gewinnen, dass all das oben Gesagte über die radiale und azimutale Ausdehnung eines punktförmigen Zieles, über die Echofläche und die mögliche Zieldiskriminierung bei derartigen Radar-Anlagen mit ihren präziseren Darstellungen nicht mehr zutreffend ist. Das ist ein Irrglaube. Vielmehr ist es so, dass das zurückkehrende Rohvideo alle oben aufgezeigten Problematiken aufweist, die rechnergesteuerte Auswertung aber eine Summe einzelner Bildpunkte errechnet und auf dieser Basis das Bild, sprich die Darstellung mehr oder weniger bereinigt. Der Beobachter darf sich durch diese »bessere« Darstellung nicht verführen lassen zu glauben, dass damit die Probleme der Bildauswertung und Zieldiskriminierung beseitigt wären. Eine Darstellung kann naturgemäß nie genauer sein als die ihr zu Grunde liegenden Messungen.

Synthetisches Radarbild, Tageslicht-Radar

Neuere Radaranlagen besitzen im Gegensatz zu den älteren in der Regel einen Tageslicht-Bildschirm mit einem synthetischen Radarbild. Das bedeutet, dass das rohe Radarbild zunächst digital aufbereitet und gespeichert wird, um dann auf der Basis kartesischer Koordinaten (Gitternetz-Methode) auf dem Bildschirm dargestellt zu werden. Zu diesem Zwecke wird die radiale Ablenkspur über den eingestellten Messbereich in ca. 1000 Zeitfenster zerlegt. Ähnlich werden den Winkelwerten der Antenne entsprechende binäre Codes zugeordnet. Somit wird das gesamte Radarbild in eine große Anzahl kleinster Bildelemente zerlegt, und für jedes dieser Elemente wird dann gespeichert, ob ein Video vorhanden war. Befindet sich in mehreren nebeneinander liegenden Zellen oder Bildelementen die binäre Information für ein Echo, so handelt es sich logischerweise um ein größeres Ziel. Parallel zur bloßen Vorkommensinformation über ein Echo wird die Signalstärke gespeichert, um dem Beobachter auch eine Differenzierung zwischen starken und schwachen Echos zu ermöglichen.

Außerdem haben heutige Tageslichtbildschirme mehrfarbige Darstellungen, denen die unterschiedlichsten Symbole und sogar elektronische Seekarten überlagert werden können.

Korrelationsverfahren

Das Korrelationsverfahren ist ein wesentlicher Teil der digitalen Bildaufbereitung für das synthetische Radarbild. Nachdem das rohe Radarbild in kleinste binäre Bildelemente zerlegt wurde, werden die Echoinformationen aufeinander folgender Sende-/Empfangszyklen auf ihre Regelmäßigkeit hin miteinander verglichen/korreliert. Wenn eine vom Hersteller vorprogrammierte regelmäßige Wiederkehr (z.B. 3 von 4) des Echosignals vorliegt, dann kommt das Echo zur Anzeige. Wenn dieses Korrelationsverfahren aber zu einem negativen Ergebnis führt, kommen die betreffenden Echos nicht zur Anzeige. Dadurch werden automatisch zufällig auftretende Echos wie schwache Seegangssignale oder Störungen von Fremdradars auf Grund ihrer Unregelmäßigkeit unterdrückt. Das Korrelationsverfahren ist im Prinzip also eine gute Sache. Es hat leider aber auch die folgenden Nachteile:

Abb. 12: Zweigeteilter Tageslichtbildschirm mit synthetischem Radarbild und elektronischer Seekarte des RL80CRC der Fa. Raymarine[5].

5) Quelle: Firma H. E. Eissing KG, Großhandel Schiffselektronik/Emden.

- Schwache Radarechos von Echtzielen (kleine Sportboote und Messbojen), deren Intensität um den vorgegebenen oder eingestellten Schwellwert schwankt (sogenannte »pumpende Echos«), werden durch das Korrelationsverfahren unterdrückt.
- Starke Gier- und Rollbewegungen oder variierende Seitenlagen wie sie bei Segelyachten vorkommen (die Radarkeule liefert ungleichförmige Werte) können auf Sportbooten leicht zu einer unregelmäßigen Signal-Wiederkehr führen. Dadurch kann es durch das Korrelationsverfahren zum Zielverlust kommen.

Konsequenzen für die Praxis

Die Grundeinstellungen für Verstärkung und Seegangs- und Regen-Enttrübung haben Einfluss auf die Schwellwerte der Eingangssignale. Insofern beeinflusst der Radarbeobachter mit seinen Einstellungen die zur Korrelation kommenden Echo-Informationen. Daher müssen diese Einstellungen sehr sorgfältig vorgenommen und immer wieder überprüft werden, damit neben dem thermischen Rauschen und dem Clutter nicht auch noch die schwachen Ziele unterdrückt werden.
Nur durch große Aufmerksamkeit des Beobachters, ein sensibel eingestelltes Radarbild und gelegentliches »Spielen« an der Verstärkung können auch solche Radarkontakte gefunden werden.
Wenn ein unstabilisiertes Radarbild (Head-Up Mode) geschaltet ist, kann auf Grund des Korrelationsverfahrens im unglücklichsten Fall ein Zielverlust auftreten, da sich bei dieser Darstellungsart alle Schiffsbewegungen direkt auf die Echo-Positionen auswirken. Synthetische Radarbilder sollten daher soweit möglich immer stabilisiert, d.h. mit Kompasseingabe gefahren werden.

Einschalten der Radaranlage

Vor dem Einschalten sollte geprüft werden, ob die Regler für Verstärkung (Gain), Nahechodämpfung (Sea Clutter) und Regenenttrübung (Rain Clutter) in Nullstellung (Wirksamkeit auf Minimum) sind. Das ist in der Regel der linke Anschlag. Wenn das der Fall ist, kann die Anlage eingeschaltet werden.
Da sowohl die Senderöhre als auch ggf. die Bildschirmröhre vor Inbetriebnahme aufgeheizt werden müssen, hat jede Radaranlage im Rahmen des Einschaltprozesses einen Bereitschafts-Modus, in dem dieses Aufheizen erfolgt. Dieser Aufwärmprozess (ca. 90 Sek.) muss durchlaufen und abgewartet werden, bis die Anlage in die Betriebsart »Bereit« oder engl. »Standby« geht, was durch entsprechende Anzeigen auf dem Bildschirm oder Leuchtanzeigen am Gerät dokumentiert wird. Danach kann die Anlage endgültig und ohne weiteren Verzug eingeschaltet werden, d.h. die Anlage muss manuell von »Bereit/Standby« auf Sendebetrieb »Transmit« geschaltet werden. Jetzt erscheint bestätigend ein Radarbild.
Es wird davon ausgegangen, dass die Grundeinstellungen für Helligkeit und Kontrast (die gleichen Funktionen wie bei jedem Fernsehgerät oder Computer-Monitor) korrekt sind und nicht nachgeregelt werden müssen.
Anmerkung für Zeiten des Betriebes: Falls die Anlage erkennbar für einen bestimmten Zeitraum nicht bedient, aber dennoch verfügbar bleiben soll, so empfiehlt es sich, auf den Betriebszustand »Bereitschaft/Standby« zurückzuschalten. In diesem Betriebszustand werden die Senderöhre und ggf. die Bildröhre lebensverlängernd geschont, aber die Anlage ist dennoch ohne Verzug einsatzbereit, da die Röhren weiterhin gewärmt werden. Ein Nachregeln/Tuning des Empfängers entfällt. Außerdem sinkt der Stromverbrauch von ca. 30–45 Watt im Sendebetrieb auf ca. 10 Watt im Standby-Betrieb.

Einstellen des Radarbildes

Zum besseren Verständnis der Zusammenhänge wird im Folgenden anstatt der Automatik der manuelle Einstellvorgang beschrieben.

Frequenzabstimmung/Tuning
Bei Bootsanlagen werden in der Regel Magnetrons als Senderöhren verwendet. Daher muss man damit leben, dass die Senderfrequenz nicht stabil ist. Sie wird sich nach jedem neuen Einschalten der Anlage geringfügig von der Frequenz der letzten Betriebsphase unterscheiden. Um einen optimalen Empfang der zurückkehrenden Radarsignale zu gewährleisten, muss daher nach jedem Einschalten der Anlage der Empfänger wieder aufs Neue auf die Senderfrequenz abgestimmt werden. Dieses Abstimmen des Empfängers kann manuell oder automatisch je nach Voreinstellung erfolgen. Siehe hierzu die entsprechenden Gerätevorschriften.

Verstärkungsregelung/Gain
Nach der genauen Frequenzabstimmung (Tuning) kann nun das Einstellen des Radarbildes beginnen.
Als Erstes erfolgt die Verstärkungsregelung (Gain) für den Empfänger. Mit diesem Regler (meist ein Drehknopf) wird die generelle Verstärkung im Empfänger gesteuert. Die korrekte Einstellung ist gefunden, wenn der Bilduntergrund außerhalb des Nahbereichs (größer 3 sm) ganz leicht grießig wird, das heißt, wenn unregelmäßig kleine Störpunkte auftreten. Mit dieser Einstellung kommt das thermische Rauschen, oder auch Empfänger-Rauschpegel genannt, als Störsignal gerade eben zur Anzeige. Ganz vorsichtig kann dann die Verstärkung etwas zurückgenommen werden, sodass das Rauschen weitgehend unterdrückt ist. So ist garantiert, dass alle Nutzsignale mit einem Signalniveau oberhalb des Rauschpegels zur Anzeige kommen. Mehr ist technisch nicht erreichbar. Im Nahbereich wird das Bild sehr stark durch Seegangsechos getrübt (weiß) sein, wodurch keine Echos daraus hervortreten. Das ist normal.

Merke:
Das Optimum der Einstellung kann nicht erreicht werden, wenn die Regler für »Sea Clutter« und »Rain Clutter« zu diesem Zeitpunkt nicht auf »Null« stehen. Dann hätte man zwar ein wie sauber gefegtes klares Radarbild, aber auch automatisch schwache Echos unterdrückt. Das ist übrigens der häufigste Fehler, der ungeübten Benutzern bei der Einstellung unterläuft.

Nahechodämpfung/Seegangsenttrübung (Sea Clutter)
Seegangsechos treten insbesondere im Nahbereich auf, weil in der Nähe der Sendequelle die abgestrahlte Energie noch besonders groß ist und auf Grund der Aufstellungshöhe der Antenne die Reflektion der Radarwellen am Seegang je näher desto günstiger ist. Die Signalstärke der Seegangsechos ist also entfernungsabhängig. Sie folgt im Prinzip der in Abbildung 13 dargestellten Kurve. Das heißt, der Nahbereich wäre ohne Gegenmaßnahmen so stark von Seegangsechos gezeichnet, dass andere Echos nicht dargestellt werden könnten. Abhilfe schafft hier die Einstellung für Seegangsenttrübung, auch »Anti Sea Clutter« oder einfach »Sea Clutter« genannt. Mit diesem »Sea Clutter«-Regler kann im Nahbereich das Verstärkungsniveau progressiv so zurückgenommen werden, dass die echten Ziele, deren Signalstärke größer ist als die der Seegangsechos, zur Anzeige gebracht werden. Somit bleiben die über das Niveau der Seegangsechos herausragenden Ziele bestehen (siehe Abbildung 13, Ziel A). Hierzu sollte man jedoch wissen, dass die Stärke der Seegangsechos um das Boot herum nicht einer Standard-Kurve folgen (wie z. B. in Abbildung

13 dargestellt), sondern immer wieder anders und auf Grund des Windeinflusses auf die Wellen sogar in Luv und Lee vom eigenen Fahrzeug unterschiedlich ist. Die einzige erkennbare Regelmäßigkeit ist die Abnahme mit der Entfernung, weshalb die Nahechodämpfung früher auch »zeitabhängige Verstärkungsregelung« (ZAVR) oder »Sensitivity Time Control« (STC) genannt wurde.
Nach korrekter Einstellung der Nahechodämpfung ist eventuell die Verstärkungsregelung (Gain) etwas zu erhöhen.

Wichtig:
Mit der Einregelung der Nahechodämpfung muss besonders sensitiv umgegangen werden, da sie in jedem Falle der Verstärkungsregelung entgegen wirkt und durch zu starkes Aufdrehen auch solche Nutzechos zum Verschwinden gebracht werden können, deren Signalstärke oberhalb des Niveaus der Seegangsechos liegt. Dieses ist einer der häufigsten Bedienungsfehler bei weniger erfahrenen Radarbeobachtern, indem bei zu stark aufgedrehter Verstärkung (auch Seegangsechos kommen jetzt stärker heraus), in gut gemeinter Absicht das Radarbild durch Aufdrehen von »Sea Clutter« gesäubert, das heißt blind gemacht wird. Der gleiche fehlerhafte Effekt kann auch dadurch herbeigeführt werden, dass schon beim Einstellen der Verstärkung (»Gain«) des Radarbildes die Nahechodämpfung nicht auf Null stand, wodurch die Darstellung im Nahbereich zwangsläufig relativ schwach ist und der Radarbeobachter nun in gut gemeinter Absicht durch Aufdrehen der Verstärkung (Gain) im Nahbereich eine Verbesserung der Darstellung erreichen möchte.
Ist jedoch die rückkehrende Signalstärke eines Zieles unterhalb der Signalstärke der Seegangsechos (siehe Ziel B in Abbildung 13), so wird dieses Ziel auch mit Hilfe von »Sea Clutter«-Bedienung nicht darstellbar sein. Mit anderen Worten:

Schwache Echos werden vom Seegang verschluckt.
Oder:
Je stärker der Seegang umso größer die Wahrscheinlichkeit, dass Sportboote ohne vernünftigen Radarreflektor in den Seegangsechos verschwinden.

Das heißt, jeder Sportbootfahrer ohne vernünftigen Radarreflektor geht ständig ein großes Risiko ein, von der Handelsschifffahrt übersehen zu werden. Denn man muss sich darüber im Klaren sein, dass das Radar in der Berufsschifffahrt seit Langem ein alltägliches Ausguckhilfsmittel auch bei guter Sicht geworden ist. Sehr groß ist somit beim Brückenpersonal der Gewöhnungseffekt, sich vorwiegend auf das Radar zu verlassen. Siehe das Eingangsbeispiel vom Seeunfall des HSC *Delphin* mit der SY *Cyran*.

Regenenttrübung (Rain Clutter)
Großflächige Reflektionen dunkler Regen- oder Gewitterwolken (siehe auch Abbildung 14) sind typisch für 3-cm-Radars, weswegen man sie auch als Wetterradars einsetzt. Die Ursache für die starken Echos ist, dass Regentropfen, Staubpartikel und Schneeflocken die 3-cm-Wellen besonders gut reflektieren. (Bei 5- und 10-cm-Radars ist das wegen der größeren Wellenlänge anders).
Neben dem negativen Effekt, dass Radarziele in den Regenwolken verschwinden, haben diese heranwandernden Regenechos auch eine positive Seite, denn sie künden dem Sportbootfahrer gleichzeitig die herannahenden stärkeren Winde bzw. Gewitter an. Man kann ihre relative Bewegungsrichtung und Geschwindigkeit zum Boot einschätzen und sich entsprechend darauf vorbereiten.
Radartechnisch stellt die Regenstörung normalerweise kein Problem dar. Abhilfe schafft der sensibel zu benutzende Drehknopf für »Rain

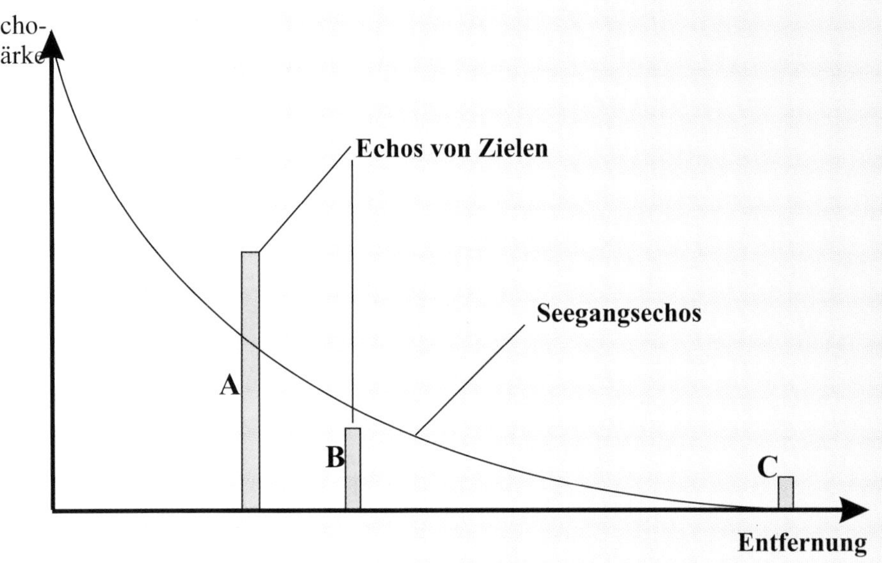

Abb. 13: Die Nahechodämpfung.

Clutter«. Die Wirkung ist ähnlich wie bei der Nahechodämpfung, mit dem Unterschied, dass die Regenenttrübung über das gesamte Radarbild gleichmäßig wirksam ist und primär unregelmäßig eintreffende Echos unterdrückt. Die Unregelmäßigkeit der Echosignale liegt in der Natur von Niederschlagsechos, weswegen für die Regenenttrübung im technischen Englisch der Begriff »Fast Time Constant« (FTC) geprägt wurde. Daher kann mit dem Regler für »Rain Clutter« der größte Teil der Eintrübung zum Verschwinden gebracht werden (leichte Sprenkel bleiben), und Schiffsziele werden auf dem Radar wieder erkennbar.

Allgemeine Hinweise zur Einstellung und Nutzung des Radars

Der ungeübte Radarbeobachter sollte anfangs die Radaranlage nur bei guter Sicht benutzen. Dann kann direkt zwischen den sichtbaren Objekten und deren Darstellung im Radarbild verglichen werden. Nur wer gelernt hat, wie sich die verschiedenen Ziele im Radarbild darstellen, sollte die Anlage auch bei unsichtigem Wetter und in der Dunkelheit nutzen.

Die Regelungsfunktionen für Frequenzabstimmung und Verstärkung sollten zumindest anfangs auf Automatik geschaltet sein. Damit ist immer eine zufriedenstellende Bildeinstellung gewährleistet.

Die Einstellung für »Sea Clutter« und »Rain Clutter« kann anfangs ebenfalls auf Automatik geschaltet werden. Sobald jedoch eine hinreichende Vertrautheit mit dem Radargerät erreicht ist, sollte die Einstellung für »Sea Clutter« und »Rain Clutter« manuell nach Bedarf erfolgen. Das heißt, es sollte (Voraussetzung ist eine korrekte »Gain«-Einstellung) durch »Spielen« an der Einstellung für »Sea Clutter« bzw. »Rain Clutter« die optimale Einstellung herausgefunden werden. Optimale Einstellung bedeutet nicht, die Seegangstrübung bzw. Regentrübung total zu entfernen, um ein sauberes Radarbild zu bekommen. »Spielen an der Regelung« bedeutet vielmehr, durch gefühlvolles Herauf- und Herunterregeln und eine permanente Bildbeobachtung das Bild so einzustellen, dass schwache Echos inklusive Tonnen und schwache Echos von Kabbelwasser über Untiefen und Küstenlinien erkennbar bleiben. Bei optimaler Einstellung werden die Trübungen durch Seegang und Regen normalerweise nicht auf Null reduziert sein. Zwecks Verifizierung der Bildqualität muss die Einstellung immer wieder überprüft werden.

Im freien Seeraum sollte immer ein möglichst großer Messbereich mit möglichst langem Impuls, niemals unter 3 sm, gefahren werden. Ist zum Beispiel nur ein Bereich von 0,5 sm geschaltet und es liegt ein schnell laufendes Schiff auf Kollisionskurs, würde nicht einmal eine Minute zwischen dessen Erscheinen auf dem Bildschirm und einem möglichen Zusammenstoß vergehen.

Im Küstenbereich empfehlen sich lageabhängig Bereiche zwischen 3 und 6 Seemeilen bei mittlerem bis langem Impuls.

Im Revier sind Bereiche zwischen 1,5 und 3 Seemeilen bei mittlerem Impuls angebracht.

Da die moderneren Radaranlagen die Abhängigkeit von Reichweite und Impulslänge auch automatisch regeln, sollte vorzugsweise diese Funktion geschaltet werden. Selbst wenn über das Menü eine individuelle Einstellung möglich ist, bringt sie im Allgemeinen keine Vorteile.

Messbereiche über 12 sm zu schalten, macht in der Regel auf Sportbooten keinen Sinn. Überprüfen Sie, ob das Gesagte auch auf Ihre Anlage zutrifft.

Auf Segelbooten muss bedacht werden, dass unter schwierigen Navigationsbedingungen das Boot möglichst auf ebenem Kiel gehalten wird, da sonst die Radarkeule in Luv von der Meeresoberfläche abhebt und in Lee zu reduzierter Reichweite führt.

Zusammenfassung (Einstellung des Radarbildes)

Die Qualität des Radarbildes hängt außer von der Art des Bildschirmes und der Bildschirmgröße von den folgenden technischen Parametern und Einstellungen ab:

- der horizontalen Bündelung
- dem Abstand und den Reflektionseigenschaften des Zieles
- der Impulsfolgefrequenz und der Impulsdauer
- den Seegangs- und Wetterverhältnissen
- dem geschalteten Messbereich
- der Abstimmung von Sender/Empfänger
- der Einstellung der Verstärkung
- der Einstellung der Nahechodämpfung
- der Einstellung der Regenenttrübung.

Störungen des Radarbildes

Die meisten »schlechten« Radarbilder sind auf ungeübte Beobachter und schlechte Bildeinstellung zurückzuführen. Daher gilt nicht nur bei Problemen mit dem Radarbild:

Unklare, aber selbst auch eindeutige Bildschirmanzeigen, sind immer wieder in Zweifel zu ziehen und durch Spielen an Verstärkung und

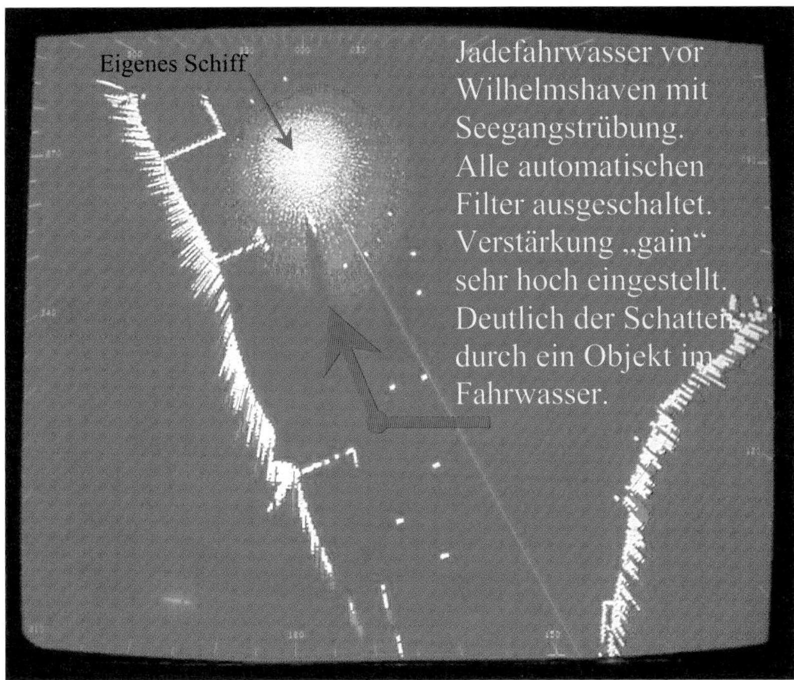

■ *Abb. 14: Seegangsechos – »Anti Sea Clutter« in Minimaleinstellung.*

Dämpfungen zu verifizieren. Daneben jedoch gibt es auch eine Reihe typischer Störungen. Wegen der Komplexität dieser Problematik und der Zielsetzung dieses Buches kann diese Thematik nur kurz angesprochen werden.

Rauschen, Eigenrauschen, thermisches Rauschen

Jeder Empfänger hat inhärent und unvermeidbar ein bestimmtes Maß an sogenanntem thermischen Rauschen. Beim Ton des Radio- bzw. Fernsehempfängers ist das leicht darstellbar, indem man auf einer Position ohne jeden Empfang die Verstärkung langsam hoch dreht. Dann wird man zunehmend ein Rauschen vernehmen, obwohl kein Sender empfangen wird. Das heißt, durch das Aufdrehen der Verstärkung wird anstatt des Empfangssignals nun das thermische Rauschen verstärkt. Dasselbe tritt auf dem Bild des Radargerätes ein, wenn die Verstärkung des Gerätes zu weit aufgedreht wird. Dadurch wird das thermische Rauschen des Gerätes zunehmend verstärkt. Das Bild wird übermäßig grießig. Dem darf man auf keinen Fall durch den »Sea Clutter« entgegenzuwirken versuchen, sondern nur wie folgt: *»Sea Clutter« und »Rain Clutter«*auf Null stellen und Verstärkung (Gain) neu einstellen wie vorher beschrieben.

Seegangsechos/Sea Clutter

Die häufigste Form der Beeinträchtigung des Radarbildes ist der natürliche Seegang (siehe Abb. 14), der schwache Echos verschwinden lässt. Hierbei handelt es sich um eine diffuse Reflektion der Radarwellen durch die Wellen/den Seegang. Für physikalisch Interessierte sei gesagt, dass gemäß Radargleichung

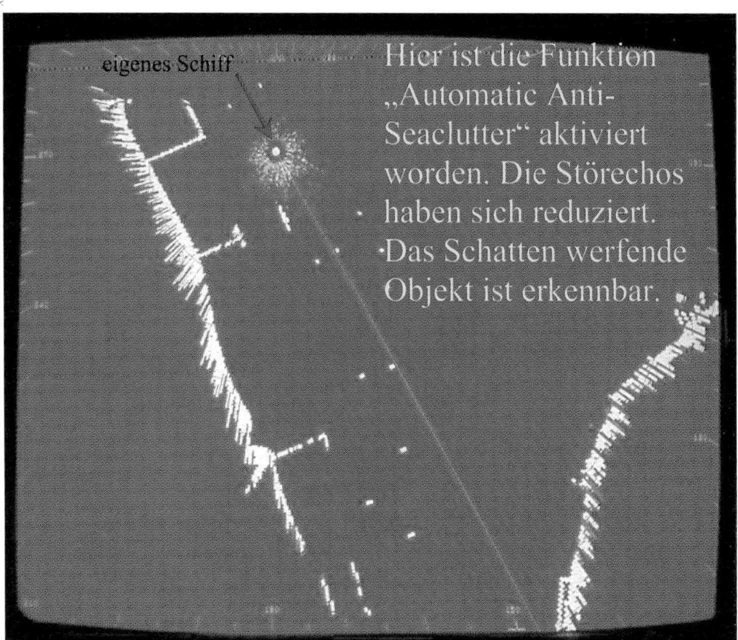

Abb. 15: Der »Anti Sea Clutter« korrekt eingestellt.

die Signalstärke des zurückkehrenden Echos indirekt proportional der vierten Potenz des Abstandes eines Objektes ist. Daraus resultiert, dass nahe liegende Objekte, selbst mit kleiner Reflektionsfläche (z.B. Seegang), überproportional stark abgebildet werden und somit echte Ziele in diesem Meer weißer Echos nicht erkennbar sind (siehe Ziel A in Abb. 13). Die Seegangstrübung ist auf Grund des unterschiedlichen Auftreffwinkels in Luv unter Umständen stärker als in Lee.

Gegen diese Störung hilft bis zu einem gewissen Grade die in allen Radargeräten vorhandene elektronische Filterung/Dämpfung der Seegangsechos, auch Nahechodämpfung, Seegangsenttrübung, »Anti Sea Clutter« oder »Sea Clutter« genannt (siehe Abb. 15). Die Begriffe gehen leider etwas durcheinander. Technisch gesehen handelt es sich um eine vom Mittelpunkt ausgehend (bzw. Ablenkzeit abhängig) regelbare Dämpfung der Verstärkung. Das heißt, man schiebt die Dämpfung zunehmend von innen nach Bedarf immer weiter nach außen. Mit dieser Einstellung können echte Ziele, deren Signalstärke größer ist als die der Seegangsechos zur Anzeige gebracht werden, indem bis zum Signalniveau der Seegangsechos weggedämpft wird. Ziele, deren Signalstärke unterhalb des Niveaus der Seegangsechos liegen (und dadurch nicht abgebildet werden), werden mit der Seegangsenttrübung (Sea Clutter) ebenfalls weggedämpft. Aber auch klar aus den Seegangsechos herausragende Ziele kann man mit überdrehter Dämpfung verschwinden lassen. Das heißt, es muss mit dieser Regelung besonders vorsichtig umgegangen werden, da sie der Verstärkungsregelung entgegenwirkt und somit durch zu starkes Aufdrehen auch Nutzechos zum Verschwinden bringt. Man kann jedem ungeübten Radarbeobachter nur empfehlen, mit dieser Regelung in der Praxis unter den verschiedensten Seegangsbedingungen »herumzuspielen« und die Wirkung bzw. das Einstellen des Optimums zu erproben.

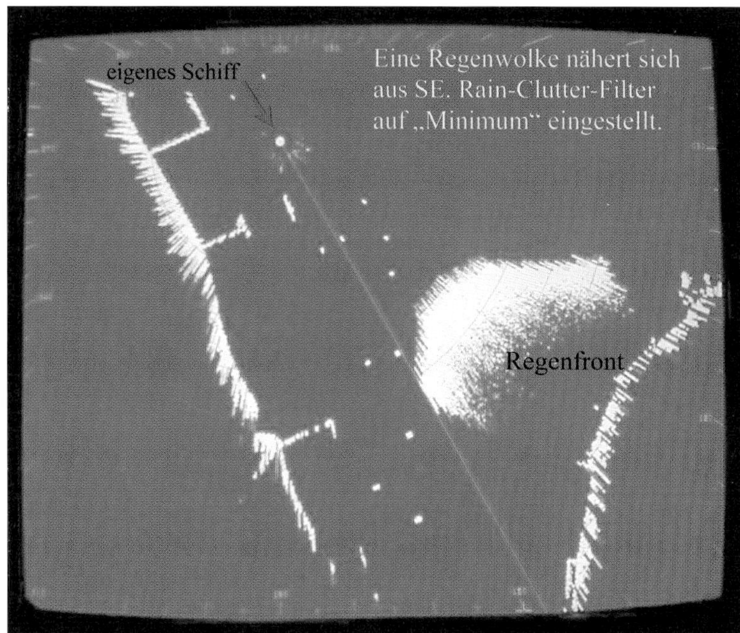

Abb. 16: Starke Regenfront. Rainclutter-Filter auf Minimum.

Regenenttrübung/Rain Clutter

Die einfachsten Formen der Störung von Radarbildern sind Störungen durch jede Art von Niederschlag. Je stärker der Niederschlag ist oder je grober (z.B. Eiskristalle oder Hagel), umso deutlicher und kräftiger wird die Darstellung bzw. Beeinträchtigung auf dem Radarbild (siehe Abb. 16) sein. Diese Störung des Radarbildes kann aber auch von Vorteil sein, da man rechtzeitig heranrückende Regen- bzw. Gewitterfronten erkennen und zwischen den unterschiedlich starken Wolken unterscheiden kann. D.h. ggf. kann man rechtzeitig entsprechende Sturmmaßnahmen (z.B. Segel wegnehmen, Motor anlassen) ergreifen und Ausweichmanöver einleiten.
Gegen diese Art der Störung hilft recht gut eine in allen Radargeräten vorhandene Filterungs- bzw. Polarisationstechnik, genannt »Rain Clutter«.

Achtung:
Auch schwache Ziele können durch zu stark aufgedrehte Regenenttrübung (Rain Clutter) in ihrer Darstellung beeinträchtigt werden.

Im Folgenden ein Beispiel für eine korrekt eingestellte Regenunterdrückung (Abb. 17) und eines für eine zu starke Einstellung (Abb. 18).

Falschechos

Falschechos durch Nebenzipfel

Weit unangenehmer als die bisher erwähnten Störungen sind Falschechos, die durch Nebenkeulen entstehen (sog. Nebenkeulenechos oder Scheinechos). Das heißt, aus Nebenkeulen abgestrahlte Radarenergie wurde von einem in der Nähe (Richtung Nebenkeule) befindlichen Ziel reflektiert, wird aber in der Richtung der Hauptkeule (da diese die Anzeigereferenz ist) angezeigt. Es wird also in ei-

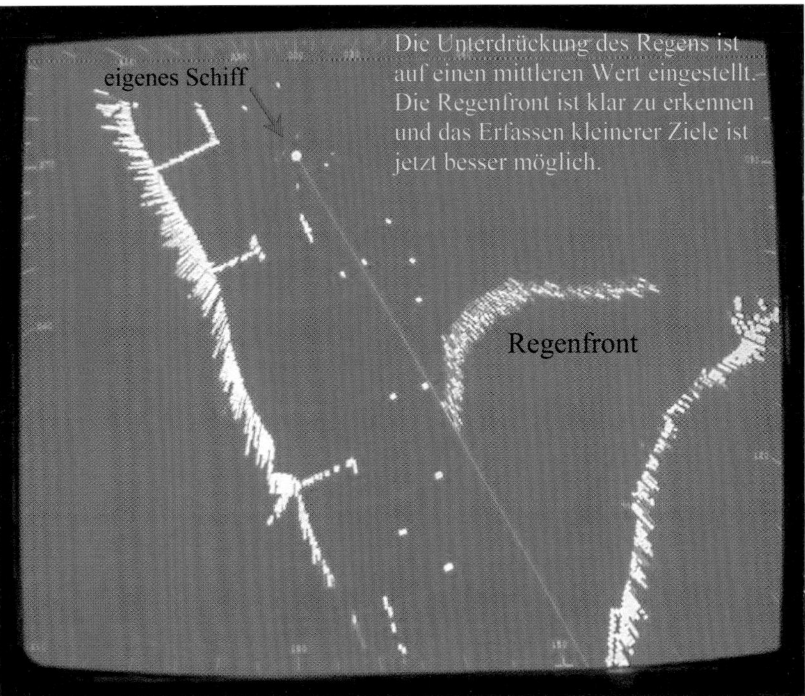

Abb. 17: Rainclutter auf mittleren Wert eingestellt. Kleine Echos werden problemlos dargestellt.

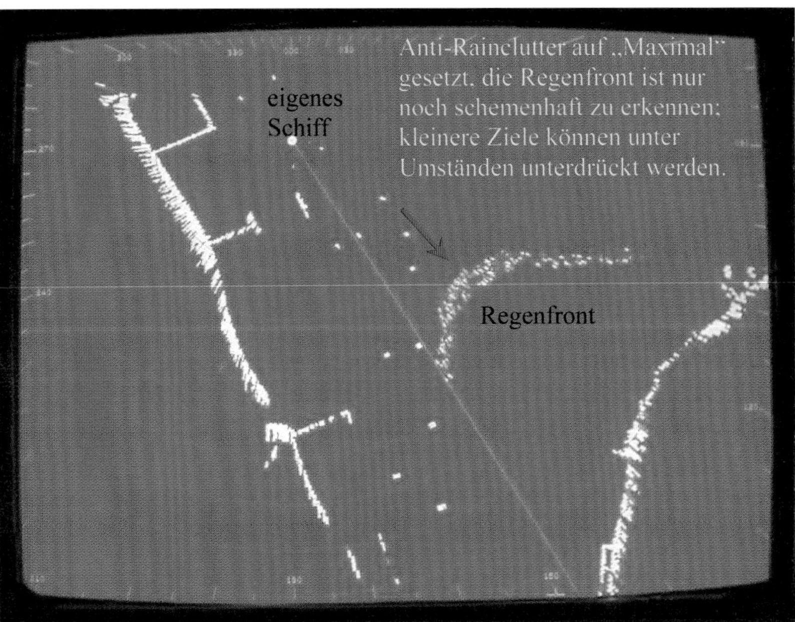

Abb. 18: Rainclutter zu stark aktiviert. Kleine Ziele werden unterdrückt.

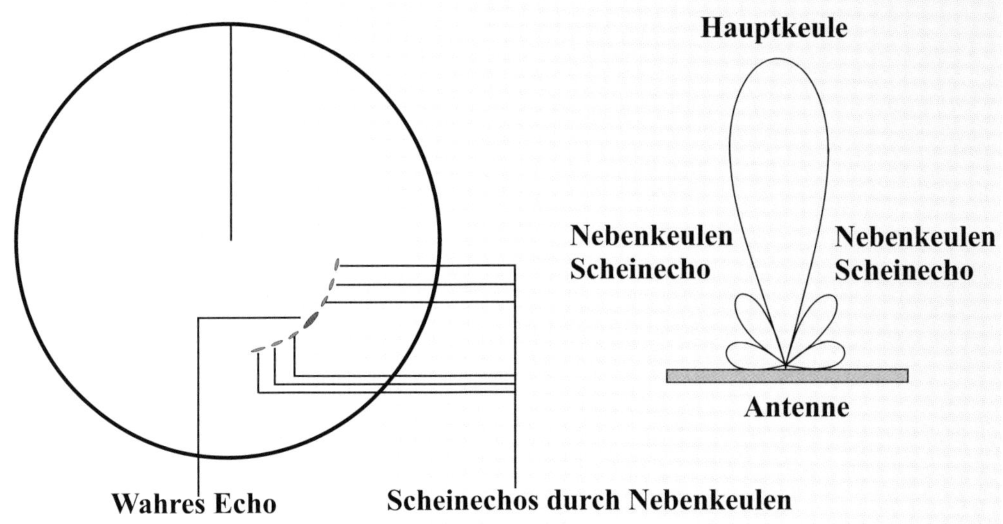

Abb. 19: Scheinechos oder Falschechos durch Nebenkeulen.

ner Richtung ein Ziel vorgetäuscht, in der keines ist (siehe Abb. 19).
Da es sich wegen der im Prinzip schwachen Nebenkeulen nur um in der Nähe befindliche Ziele handeln kann, sollte man – soweit möglich – die abgestrahlte Sendeenergie reduzieren, um das Problem loszuwerden. Meistens hilft auch schon eine optische Überprüfung. Es kann sich aber auch um in der Nähe befindliche Objekte wie vorbeifahrende Schiffe oder Schiffsanleger handeln. In jedem Falle ist eine sorgsame Überprüfung notwendig.

Mehrfachechos

Mehrfachechos treten auf durch mehrfache Reflektionen an gut reflektierenden Zielflächen (große Schiffe, Kaimauern etc.), die nahe passiert werden. Die Radarwellen laufen dann mehrfach zwischen dem eigenen Fahrzeug und dem großen Ziel hin und her und erzeugen so in derselben Richtung wegen der unterschiedlichen Laufzeit in zunehmender Entfernung Mehrfachechos (siehe Abb. 20). Diese Erscheinungen sind für Sportbootfahrer aber von geringer Bedeutung.

Überreichweitenechos

Überreichweitenechos sind Falschechos, die auf Grund von Übereichweiten auftreten, d.h. es werden Objekte innerhalb des geschalteten Bereiches dargestellt, obwohl sie außerhalb liegen. Genauer gesagt: Bei extrem guten Ausbreitungsbedingungen für Radarwellen (sog. »Ductbildung«) und guten Reflektionsbedingungen können Radarechos von Objekten außerhalb des Messbereiches hinreichend stark zurückkehren, so dass sie innerhalb des Messbereiches abgebildet werden. Es werden also Objekte oder, was häufiger der Fall ist, Küstenlinien in einer Entfernung vorgetäuscht, wo keine sind. Darin liegt eine große Gefahr der Fehlinterpretation für die Navigation.
Abhilfe: Einfach den Messbereich (PRF) und ggf. die Pulslänge umschalten. Dann verschwindet das Ziel.

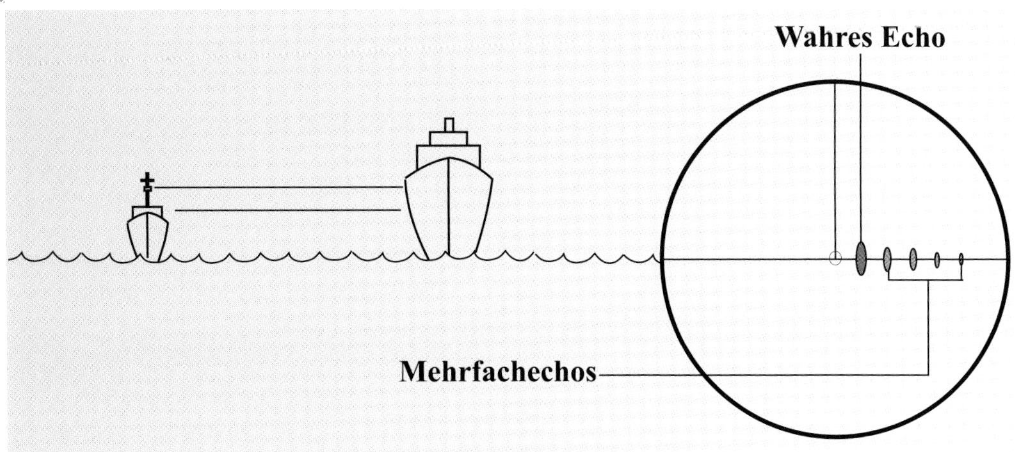

Abb. 20: Das Phänomen der Mehrfachechos.

Störungen durch andere Radargeräte

Relativ häufig zu beobachten sind auch Störungen durch andere Radargeräte, deren Frequenz innerhalb der Bandbreite des eigenen Radarempfängers liegt. Sie treten auf als spiralartige gestrichelte Linien oder weiße mehr oder weniger breite Sektoren ausgehend vom Mittelpunkt (in der Seefahrt Tortenstücke genannt). Sie ändern bei jedem Antennenumlauf ihr Aussehen und sind relativ harmlos. Moderne Radaranlagen können diese Anzeigen automatisch unterdrücken.
Eine gewünschte Spezialform der Abbildung anderer Radarsignale sind die Radartransponder (Radarantwortsender), auch »Racon« oder »Radar Beacon« (Radarbake) genannt. Hierbei handelt es sich um Radarfunkfeuer, die nur dann senden (antworten), wenn sie von dem Impuls eines Schiffsradars getroffen werden. Vereinfachend kann man sagen, dass die Bake innerhalb des Empfangsspektrums des eigenen Schiffsradars antwortet. Ihre Radarsignale sind häufig mit einer Morsekennung versehen und können auf dem Radarbild leicht erkannt, nach einem Blick in die Seekarte schnell einem markanten Objekt (z.B. Hafeneinfahrt, Brückendurchfahrt) zugeordnet und dann für Navigationszwecke genutzt werden.

Abschattung
Durch eigene Aufbauten, Masten, vorbeifahrende Fahrzeuge, hohe Gebäude, Deiche etc. kann eine Abschattung der dahinter liegenden Objekte erfolgen. Dadurch erscheinen Küstenlinien und Bilder von der Küste unter Umständen völlig anders als auf der Seekarte. Das ist auf dem Radarbild von Sportbooten im Allgemeinen nur schwer erkennbar, sollte aber jedem Radarbediener bekannt sein, denn es erfordert in der Praxis ein hohes Maß an Erfahrung, um die Korrelation zwischen der Seekarte und dem Radarbild herzustellen.

Darstellungsarten

Grundsätzlich ergeben sich die unterschiedlichen Darstellungsarten dadurch, dass zur Erstellung des Radarbildes neben der Radarinformation entweder zusätzlich eine Kursinformation (vom Kreisel oder Fluxgate) zur Verfügung steht (nord- oder kursstabile Anzeige) oder aber darüber hinaus auch noch Geschwindigkeitswerte vom Log oder GPS verfügbar sind. Im letzteren Falle sind u.U. »True Motion«-Radarbilder möglich. Nach dem heutigen Stand der Technik sind die GPS-Werte als Kurseingabe auf Sportbooten noch nicht verwendbar.

Vorausorientierte Anzeige (Head-Up)

Diese Darstellung ist die einfachste und älteste Art des Radarbildes. Sie wird teilweise auch als »relativ vorausbezogen« bezeichnet.
Die Vorausanzeige des Radarbildes ist nach Schiffsvoraus ausgerichtet, d.h. nach vorn (Seitenpeilung 0°) und entspricht somit dem optischen Bild des Schiffes von der Umgebung. Das eigene Schiff steht im Mittelpunkt des Bildes, alle Radarpeilungen sind Schiffsseitenpeilungen. Alle Zielbewegungen sind relative Bewegungen, die die Eigenkurs- und Eigenfahrtkomponenten enthalten. Somit bewirkt jede eigene Kursänderung (also auch ein schlechter Rudergänger) ein Auswandern der Ziele und Verschwimmen der Konturen. Stehende Peilungen und sich entwickelnde Nahbereichslagen sind im Allgemeinen relativ leicht zu erkennen.
Die Nachteile dieser Darstellungsart (Head-Up) sind:

- Rechtweisende Peilungen werden durch die Gierbewegungen des Bootes, unsauberes Rudergehen und ggf. Ablesefehler am unruhigen Steuerkompass ungenau.
- Bei Kursänderungen, schlechtem Rudergänger oder bei starken Gierbewegungen auf Grund starker achterlicher See wird das Radarbild sehr unruhig, wenn die Ziele nicht sogar verschmieren.
- Bei synthetischen Radarbildern können durch Seitenlagen sowie Gier- und Schlingerbewegungen Zielverluste auftreten (Korrelationsverfahren).
- Die Ermittlung von Kurs- und Fahrtwerten anderer Fahrzeuge ist nur über das Plotten möglich. Selbst das Erkennen einzelner Festziele im Wasser ist bei strömenden Gewässern erschwert.

Empfehlung:
Auf Grund der gravierenden Nachteile insbesondere wegen der Gefahr von Echoverlusten bei modernen Tageslicht-Bildschirmen (Raster-Scan-Verfahren) und der Bildbeeinträchtigung durch Bootsbewegungen sollte diese Darstellungsart möglichst nicht mehr verwendet werden. Für die Sportschifffahrt ist daher, wenn möglich, die Installation einer Magnetfeldsonde (Fluxgate-Sonde) zu empfehlen.
Für die Berufsschifffahrt wurde diese Problematik seeamtlich 1987 eindeutig geklärt, nachdem ein Beteiligter Widerspruch eingelegt hatte. Der Spruch des Seeamtes Bremerhaven vom 27.11.87 zu einer Schiffskollision auf der Weser im Januar 1987 lautete:
»Die vorausorientierte Darstellung stellt keinen 'gehörigen Gebrauch' der Radaranlage dar. Zum 'gehörigen Gebrauch' der Radaranlage gehört auch die Wahl der jeweils sichersten Darstellungsweise (siehe Müller/Krauß, Handbuch für die Schiffsführung, 2. Band, Teil A, von 1987). Die unbestritten vom Widerspruchsführer angewandte, vorausorientierte Darstellungsweise ist grundsätzlich nicht als sichere Darstellungsart anzusehen. Die Nachteile des nichtstabilisierten Bildes sind zu schwerwiegend. Das gilt insbesondere für die Navigation in engen Gewässern. Hier wird entsprechend den ständig erforderlichen Kursänderungen des eigenen Schiffes bei großflächigen Echos der gesamte Schirm ver-

schmiert und wegen des Nachleuchtens für längere Zeit 'blind'. Darüber hinaus können auch bei Geradeausfahrt von Gegenkommern deren Nachleuchteschleppen durch mögliche Gierbewegungen des eigenen Schiffes auf dem Radarbild gekrümmt werden und Rückschlüsse auf deren Bewegungen erschweren. Aus diesem Grunde und wegen weiterer Nachteile (u.a. geringe Peilgenauigkeit; Neuorientierung bei Kursänderung erforderlich, weil sich die Seitenpeilungen aller Ziele ändern) wird in den Lehrbüchern von einem Gebrauch der vorausorientierten Darstellungsweise abgeraten (siehe Müller/Krauß,...) und in den einschlägigen Kommentaren deren Benutzung nicht als 'gehöriger Gebrauch' im Sinne der Regel 7 Buchstabe b KVR angesehen.«

Nordstabilisierte Anzeige (North-Up)

Diese Anzeige setzt im Gegensatz zum Head-Up voraus, dass ein Kursgeber an das Radar angeschlossen ist; auf Handelsschiffen ist das in der Regel ein Kreiselkompass, auf Sportbooten wohl eher eine Fluxgate-Sonde. Das Radarbild wird dadurch automatisch nach geografisch Nord ausgerichtet, d.h. nordstabilisiert. Geografisch Nord ist im Radarbild immer oben. Die Vorausanzeige (elektronische Kurslinie) auf dem Radar zeigt somit jeweils in Richtung des Kompasskurses. Bei Kursänderungen dreht sich nur die Vorausanzeige, das Radarbild bleibt stabil und verschmiert nicht. Man erkennt auf dem Radarbild jede Nachlässigkeit des Rudergängers.
Alle Peilungen sind Kompasspeilungen. Dadurch ist der Vergleich mit der Seekarte erleichtert. Peilungsvergleiche zwischen Radar, optischer Peilung an Oberdeck und der Seekarte sind leicht durchführbar. »Stehende Peilungen« können problemlos mit Hilfe des individuell einstellbaren elektronischen Peilstrahls erkannt werden.
Auf Sportbooten, auf denen anstatt eines Kreiselkompasses eine Fluxgate-Sonde zur Einspeisung der Kompasswerte verwendet wird, muss sehr sorgfältig auf eventuelle magnetische Deviation geachtet werden. Jeder Eigner sollte derartige Überprüfungen, d.h. Vergleiche von Magnetkompass und Fluxgate-Sonde einmal im Jahr, vorzugsweise im Frühjahr nach dem Winterlager durchführen. Außerdem empfiehlt es sich, günstige Möglichkeiten zur Kompasskontrolle im Revier (Deckpeilungen, im Wasser stehende Leuchtfeuer etc.) immer zum Vergleich mit den Radarwerten zu nutzen.

Nachteile der nordstabilisierten Anzeige (North-Up)
So leicht wie der Vergleich des Radarbildes mit der Seekarte ist, so gewöhnungsbedürftig ist zumindest für den ungeübten Beobachter der Vergleich des Radarbildes mit dem Blick vom Oberdeck insbesondere auf südlichen Kursen.
Die Kurs- und Fahrtwerte anderer Fahrzeuge müssen durch manuelles Plotten ermittelt werden, falls kein automatisches Plotten zur Verfügung steht.

Kursstabilisierte Anzeige (Course-Up)

Diese Anzeige setzt ebenfalls voraus, dass ein Kursgeber (Kreiselkompass oder Magnetfeldsensor/Fluxgate-Sensor) an das Radar angeschlossen ist. Somit kann das Radarbild laufend auf geografisch Nord ausgerichtet werden, und die Vorausanzeige wird in Richtung des jeweiligen Kurses ausgerichtet. Das eigene Schiff befindet sich im Mittelpunkt, die Bewegungen aller Ziele sind relativ. Dadurch gleicht das Radarbild dem Blick vom Oberdeck, was von vielen sehr geschätzt wird. Peilungen können direkt als Radar-/Kompasspeilung abgelesen werden. Stehende Peilungen und sich entwickelnde Nahbereichslagen können mit Hilfe der Peilstrahlen leicht erkannt werden. Bei Kursänderungen ändert sich die Vorausanzeige überhaupt nicht, das Radarbild wandert um den Betrag der Kursänderung.

Nachteile der kursstabilisierten Anzeige (Course-Up)
Während des Drehens verschmieren ggf. die Konturen. Der direkte Vergleich mit der Seekarte ist erschwert. Absolute Werte von anderen Fahrzeugen müssen geplottet werden.

Absolutdarstellungen (True Motion)

Für diese Darstellungen bedarf es einer modernen Radaranlage mit NMEA-Schnittstelle und dem Anschluss eines qualifizierten Kurs- und Fahrtgebers. Damit sind moderne Radargeräte in der Lage, ein nordstabilisiertes feststehendes Radarbild zu liefern, bei dem das eigene Fahrzeug und auch alle anderen mobilen Objekte mit ihren aktuellen Kurs- und Fahrtwerten über das Radarbild wandern. Feste Objekte sind stationär und können sofort erkannt werden.
Peilungen können jedoch nicht am Bildschirmrand abgelesen, sondern müssen mit dem elektronischen Peilstrahl gemessen werden.
Eine stehende Peilung wird ermittelt, indem man den elektronischen Peilstrahl über das betreffende Echo legt und dann das weitere Wandern dieses Zieles genau beobachtet.
Werden Wind und Strom nicht ausreichend vom System berücksichtigt (erkennbar daran, dass das Bild leicht driftet), so müssen entsprechende Korrekturen eingegeben werden. Falls der Radaranlage die Eigenfahrt nicht in Absolutwerten über Grund (z.B. vom GPS), sondern vom Schiffslog als Fahrt durchs Wasser (FdW) eingespeist wird, wird man feststellen, dass alle stationären Ziele wie Tonnen und Küstenlinien sich in strömenden Gewässern mit der Richtung und Stärke des Stromes bewegen. Tonnen sind daher auf dem Radarbild nicht ohne weiteres von Fahrzeugen zu unterscheiden. Erst durch Ausplotten ihrer Kurs- und Fahrtwerte und Vergleich mit unseren Eigenwerten sind Tonnen eindeutig identifizierbar. Auf die Erkennung von stehenden Peilungen hat diese Problematik keinen Einfluss, da auch die anderen Fahrzeuge auf dem Radar dem gleichen Drift-Problem unterworfen sind. Im freien Seeraum tritt diese Problematik natürlich nicht auf.
Neben den Vorteilen der leichten Erkennbarkeit der Gesamtsituation sowie der absoluten Kurs- und Fahrtwerte hat die Darstellungsart »True Motion« aber auch Nachteile:

- Das Rückstellen des Bildmittelpunktes und das Ändern des Messbereiches können auf Grund der erforderlichen Neuorientierung sehr lästig sein.
- Kollisionskurse und Nahbereichslagen sind nicht mehr so leicht wie bei den Relativ-Anzeigen erkennbar, wenn mehrere Ziele auszuwerten sind.
- Die gesamte Anzeige ist gewöhnungsbedürftig.

Mittelpunktverschiebung (Off Center)

Diese Schaltmöglichkeit verschiebt den Mittelpunkt innerhalb des geschalteten Bildes in jede beliebige Richtung. Man wird den Mittelpunkt vorzugsweise auf der Kurslinie nach hinten verschieben, um auf diese Weise einen vergrößerten Vorausbereich trotz kleinerem Entfernungsbereich (also mehr Details) zu erhalten. Das heißt, man erzielt eine Art Lupen-

wirkung. Das kann bei Annäherung an eine Küste oder Ansteuerung von Häfen von Vorteil sein.

Weitere technische Begriffe sind im Anhang erklärt.

Darstellungsart und Fahrtgebiet

Eine optimale Darstellungsart gibt es nicht. Zunächst einmal muss man prüfen, welche Darstellungsarten an dem vorliegenden Radargerät möglich sind. Wenn kein Kompass an die Anlage angeschlossen ist, gibt es ohnehin kein stabilisiertes Radarbild, und jede weitere Frage erübrigt sich. Dann ist nur ein unstabilisiertes vorausbezogenes Radarbild (Head-Up) möglich. Ist jedoch ein stabilisiertes Radarbild möglich, so gibt es aus der Sicht des Verfassers keine absolut gültige Präferenz. Die Wahl hängt vielmehr vom Fahrtgebiet sowie der Gewohnheit und Vorliebe des Radarbeobachters ab. Aus der Sicht des Verfassers muss man bei Sportbootfahrern davon ausgehen, dass die Radarbeobachtung und -auswertung nicht tägliche Routine sind, sondern eher einen erheblichen Mangel an Erfahrung und Fertigkeiten aufweisen. Daher sollten meines Erachtens der Kollisionsschutz und der Erwerb von diesbezüglichen Erfahrungen bei der Auswahl der Darstellungsart Vorrang haben. Somit bietet sich bei guter Sicht als auch bei Nebel im freien Seeraum, im Küstenbereich und auch im Revier die nordstabilisierte Darstellung an. Kollisionskurse, Nahbereichslagen und Passierabstände lassen sich leicht erkennen. Falls der Kollisionsschutz im Küstenbereich und im Revier auf Grund der Verkehrslage nicht die oberste Priorität haben sollte, sondern das Erkennen ortsfester Ziele (Tonnen, Sände und Küstenlinien) im Vordergrund steht, so wäre die True-Motion-Darstellung im 3–6-sm-Messbereich vorzuziehen. Rückschlüsse über die Bewegung vorhandener Ziele sind aus dem Vergleich mit den ortsfesten Objekten hinreichend möglich.

Empfehlungen zur Radarkunde

Was können Sie als Leser tun, um die theoretischen Radarkenntnisse aus diesem Buch zu vertiefen und sich der Praxis anzunähern? Ganz einfach! Wenn Sie das in diesem Buch Dargestellte zu den technischen Aspekten der Radarkunde ergänzen oder erweitern möchten, so geht Ihr Anspruch weit über die Notwendigkeiten eines Sportbootfahrers hinaus. Dann empfiehlt sich die einschlägige Fachliteratur insbesondere aus dem angelsächsischen Bereich.

Wenn Sie jedoch autodidaktisch die theoretischen Kenntnisse dieses Buches vertiefen oder eine praktische Radarausbildung vorbereiten möchten, so sollten Sie sich ein Video von einer Radaranlage beschaffen (dazu können Sie z.B. die Firmenvertretungen bekannter Radarhersteller auf Messen ansprechen) und sich vor Ihrem Fernseher zu Hause mit den Bildern und den Fachbegriffen vertraut machen.

Besser jedoch wäre es, wenn Sie an einer hierfür kompetenten Ausbildungseinrichtung eine entsprechende praktische Ausbildung an Bord in dafür geeigneten Gewässern auf sich nehmen würden. Leider verfügen nur wenige Segelschulen über wirklich kompetente Ausbilder mit praktischer Berufserfahrung und Ausbildungsmöglichkeiten auf See.

Neben örtlichen Institutionen empfiehlt sich außerdem ein Blick ins Internet.

3 Gefährdung durch Radaranlagen

Es gibt in Bezug auf Radaranlagen vier Gefahrenquellen für den Menschen: die Hochspannung, die Röntgenstrahlung, die Hochfrequenzstrahlung und die radioaktive Strahlung bestimmter Röhrentypen. Im Einzelnen sind die Gefährdungsrisiken wie folgt zu beurteilen:

Hochspannung (5 KV und mehr) ist ausschließlich im Bereich der Senderöhre, insbesondere bei Magnetrons, anzutreffen. Bei Annäherung können gefährliche Spannungsüberschläge ausgelöst werden. Das kann jedoch nur bei Missachtung der Sicherheitsvorschriften passieren, denn normalerweise sind bautechnische Maßnahmen vorhanden, die dafür sorgen, dass beim Öffnen der Anlage bzw. des Senderteils die Hochspannung abgeschaltet wird. Man sollte derartige Sicherheitsschalter auch für kurzzeitige Überprüfungen niemals überbrücken.

Röntgenstrahlung ist eine der unvermeidbaren Begleiterscheinungen bei Hochleistungssenderöhren wie Magnetrons. Sie tritt nur in unmittelbarer Nähe von in Betrieb befindlichen Senderöhren auf; das heißt, nur wenn die Hochspannung eingeschaltet und somit die Anlage auf Betrieb/Sendung geschaltet ist. Die Intensität dieser Röntgenstrahlung nimmt nach physikalischen Bedingungen mit dem Quadrat der Entfernung ab. Daher befindet sich der Sender normalerweise in einem Blechgehäuse. Dieses reicht im Allgemeinen als Schutz der Umgebung vor Röntgenstrahlung bei Sportboot-Anlagen völlig aus.

Die **Hochfrequenz- oder Radarstrahlung** ist hinsichtlich ihrer Auswirkungen auf den menschlichen Körper natürlich abhängig von ihrer Intensität und damit einerseits von der Sendeleistung als auch vom Abstand zur Antenne. Fest steht, dass durch die Absorption von RF-Strahlung eine Wärmebildung im Körpergewebe auftritt, die natürlich bei zu großer Erwärmung zu gesundheitlichen Schäden führen kann. Hält sich ein Mensch nahe vor der Sendeantenne auf, so kann der Blutkreislauf diese Erwärmung über nicht bestrahlte Körperteile ausgleichen. Das Auge ist allerdings wegen seiner geringen Durchblutung gefährdet. Personen mit Herzschrittmachern müssen besondere Vorsichtsmaßnahmen beachten, die sie in der Regel in den Bedienungsanleitungen der Geräte beschrieben finden.

Radioaktive Strahlung ist für Sportboote bedeutungslos, denn sie kommt nur bei Großradaranlagen in den sogenannten TR- und ATR-Röhren vor, die bei kleineren Radaranlagen keine Verwendung finden. Der Vollständigkeit halber sei erwähnt, dass diese Röhren radioaktive Substanzen enthalten, die nur bei Glasbruch und direktem Kontakt problematisch werden können.

Konsequenzen für die Praxis

Grundsätzlich muss für jeden Sportbootfahrer und Laien gelten, dass die Radaranlage kom-

plett abgeschaltet sein muss, sobald sich eine Person für Arbeiten in den Mast begibt oder sich aus anderen Gründen in der direkten Nähe des Senders bzw. der Antenne aufhält. Aus Sicherheitsgründen ist darüber hinaus vorgeschrieben, dass jede Radaranlage am Sendeteil, immer aber außen am Radom bzw. außen an der Antenne, einen Sicherheitsschalter für Notfälle hat.

Genaueres hinsichtlich eventueller Gefahrenpotenziale einzelner Anlagen ist in der jeweiligen Gerätevorschrift des Herstellers zu finden. Diese Angaben der Hersteller beruhen auf den entsprechenden Vorschriften zum Zeitpunkt der Einführung der Anlagen. In Deutschland gelten für Bereiche, in denen elektromagnetische Felder zur Anwendung kommen, die Regelungen des Hauptverbandes der gewerblichen Berufsgenossenschaften. Die diesbezügliche BG-Vorschrift B11 wurde 1999 nach dem letzten wissenschaftlichen Erkenntnisstand überarbeitet und im Dezember 2001 veröffentlicht. Hier werden die unterschiedlichen Gefährdungsbereiche im Detail definiert, Messwerte und Messverfahren sowie die entsprechenden Kennzeichnungen und Abgrenzungen vorgeschrieben. Eine nachträgliche Anpassung der Sicherheitsvorschriften bereits eingeführter Anlagen an die neuen Normen durch die entsprechenden Hersteller ist nicht vorgesehen.

4 Radarreflektoren

Grundsätzliches

Die größte Angst von Einhandseglern ist, von der Großschifffahrt im freien Seeraum einfach überfahren zu werden. Diese Sorge ist nicht unbegründet, denn auch heute noch, im Zeitalter der Elektronik, gehen jedes Jahr Yachten und kleinere Fischereifahrzeuge auf diese Art verloren – sie werden auf dem Radarbild schlicht übersehen.

Darüber hinaus wächst für Sportboote im Küstenbereich aus demselben Grund die Gefahr von Kollisionen mit Hochgeschwindigkeitskatamaranen. Beispielhaft dafür ist die im ersten Kapitel bereits erwähnte Kollision zwischen dem HSC *Delphin* und der S.Y. *Cyran*. Wenn auch wie bei diesem Seeunfall oftmals Nachlässigkeit oder schlecht ausgebildete Besatzungen an Bord der großen Schiffe eine große Rolle spielen, so hätten sicher viele Unfälle vermieden werden können, wenn die Sportboote bereits lange vor der Kollision ein deutliches Echo auf dem Radar des wachhabenden Offiziers auf der Brücke des Dickschiffs hinterlassen hätten. Wie Radarentfernungsmessungen immer wieder zeigen, werden selbst mittlere Yachten ohne Radarreflektor in ungünstiger Lage je nach Wetter- und Seegangsbedingungen oftmals erst auf Entfernungen von einer Seemeile auf dem Radarschirm eines großen Handelsschiffes entdeckt. Selbst unter guten Bedingungen ist eine kleine Yacht auf 1,5 Seemeilen kaum noch auszumachen. Rettungsboote werden auf ca. 0,5–1 sm vom normalen Radar erfasst, während große Tonnen mit Radarreflektor auf Entfernungen von ca. 6–8 sm erkannt werden. Interessanterweise sind diese Ergebnisse weitgehend unabhängig vom Rumpfmaterial. Die unter Sportbootbesitzern weitverbreitete Auffassung, dass ein Stahlschiff auf Grund seines Rumpfmaterials bereits genügend Radarreflektionsfläche bietet, ist leider eine Täuschung.

Setzt man die o. g. Auffassungsreichweiten nun in Relation zu den heute üblichen Geschwindigkeiten der Großschifffahrt von ca. 20 Knoten, so entsprechen die 1,5 Seemeilen Erfassungsreichweite einer Segelyacht für den wachhabenden Offizier (WO) auf der Brücke bis zur Kollision einer verbleibenden Zeit von 270 Sekunden. Innerhalb dieser Zeit muss der WO des Tankers/Handelsschiffes:

- die Yacht auf dem Radar entdecken
- den Kollisionskurs ermitteln und die Situation richtig einschätzen
- über das richtige Ausweichmanöver entscheiden
- das Ausweichmanöver wirkungsvoll einleiten.

Wäre die Yacht mit einem Radarreflektor ausgerüstet, würde sie sich als Echo bereits auf Entfernungen von fünf und mehr Seemeilen auf dem Radarschirm des Handelsschiffes abbilden und unzweideutige Echos liefern, die dann ohne Probleme vom »Automatic Radar Plotting Aid (ARPA)« ausgewertet und als Warnung automatisch optisch und akustisch dem WO angezeigt würden. Dem WO ergäbe sich so etwa eine Viertelstunde Zeit zum Nachdenken und Reagieren.

Auf Grund dieser Erkenntnisse wird regelmäßig bei Kollisionen von Handelsschiffen mit Yachten im freien Seeraum selbst bei guter Sicht von den Seeämtern den Yachtbesitzern eine Mitschuld zugesprochen, wenn Ihre Fahrzeuge nicht mit vernünftigen Radarreflektoren ausgerüstet waren. Denn in der Regel reklamiert die Schiffsführung des Dickschiffs, dass sie die Yacht zu spät oder gar nicht gesehen habe.

Konsequenz für die Praxis

Zur Ausrüstung jeder seegehenden Yacht gehört ein leistungsfähiger Radarreflektor.

Konstruktive Merkmale

Was aber ist ein leistungsfähiger Radarreflektor? Zunächst muss definiert werden, was man von einem Radarreflektor erwartet. Die Antwort ist einfach. Ein Radarreflektor soll:

- bei möglichst geringen Abmessungen und niedrigem Gewicht eine optimale Reflektion liefern
- möglichst ein gleichmäßiges Rundum-Reflektionsdiagramm besitzen bzw.
- kombiniert mit den Reflektionseigenschaften des auszurüstenden Fahrzeugs in alle Richtungen möglichst gleichstarke Echos erzeugen
- möglichst einfach nachrüstbar und optisch wenig auffällig sein.

Wissenschaftliche Untersuchungen haben ergeben, dass außer einer Radarbake nur ein Tripelspiegel mit frequenz-optimierter Kantenlänge in optimaler Höhe angebracht diese Forderungen erfüllt.
Tripelspiegel bestehen aus drei senkrecht aufeinander stehenden Metallflächen (engl. »Corner«), die entweder aus Dreiecksflächen, Quadraten oder Viertelkreisen bestehen können. Von einem derartigen Spiegel reflektierte Wellen kehren stets zu ihrem Ausgangspunkt zurück, wenn sie an allen drei Flächen reflektiert werden. Wegen dieser Eigenschaften sind diese Spiegel heutzutage das Grundelement aller gebräuchlichen Metallreflektoren. Auf Grund der Form der umhüllenden Oberfläche werden Reflektoren aus Viertelkreisen als Kugelreflektoren und solche aus Quadraten als Oktaeder bezeichnet. Der Unterschied besteht in ihrer Rückstrahlfähigkeit. Bei gleicher Kantenlänge hat der Kugelreflektor einen viermal größeren Radarquerschnitt (engl. »Radar Cross Section«) als der Oktaederreflektor. Daher hat sich für die Praxis mehr und mehr der Kugelreflektor durchgesetzt, aber auch der Oktaeder ist weit verbreitet.
Für physikalisch/mathematisch Interessierte sei gesagt, dass Tripelspiegel ein mit ihrer Oberfläche verglichen hundertfach vergrößertes Echo auf dem Radarschirm erzeugen.
Diese Aussage lässt sich physikalisch leicht begründen.
Die Rückstrahlwirkung gehorcht der Formel:

$$F_R = \frac{4\,\pi \times b^4}{3\,\lambda^2} = \frac{4\,\pi}{3\,\lambda^2} \times b^4$$

F_R = Rückstrahlfläche des Spiegels in qm
π = gleich 3,14... (mathematische Konstante)
b = innere Kantenlänge des Reflektors in m
λ = Wellenlänge der einfallenden Strahlung in m

In Anbetracht der Tatsache, dass die ganz normalen Seeraum-Überwachungsradars in der Regel im Bereich von 9–10 Gigahertz (3-cm-Radar) liegen, kann man den Quotienten aus $4\pi/ 3\lambda^2$ als eine Konstante betrachten.
Somit lässt sich sagen, dass die Radarrückstrahlfläche eines Tripelspiegels (engl. »Corner Reflector«) direkt proportional der vierten

Kantenlänge/Reflektionsfläche:

Außenkante cm	Innenkante cm	Reflektionsfläche m^2
3,5	2,5	0,00181m^2
20	14	1,6
22	15	2
23	16	3
30	21	8
32	23	12
34	24	14
37	26	19
45	32	44

Potenz der inneren Kantenlänge b des Spiegels ist.
Demnach verzehnfacht eine Verdoppelung der Innen-Kantenlänge die Reflektionsfläche. Dies sind physikalische Gesetzmäßigkeiten, die für alle Tripelspiegel gelten. Daraus lässt sich die folgende Tabelle für die Abhängigkeit der Reflektionsfläche von der Kantenlänge zusammenstellen:

Beispiele für die Praxis:

- Bei einer Kantenlänge von 15 cm ist die Rückstrahlfläche = 2,355 m^2
- Bei einer Kantenlänge von 30 cm ist die Rückstrahlfläche = 37,68 m^2
- Bei einer Kantenlänge von 2,5 cm ist die Rückstrahlfläche = 1814 cm^2

Ein Radarreflektor in Röhrenform mit einem Außendurchmesser von 5 cm und einer Innenkantenlänge von maximal 2,5 cm hat pro Reflektor also eine Reflektionsfläche von ca. 0,0018 m^2. Obwohl diese Geräte aus einer ganzen Reihe von Tripelspiegeln zusammengesetzt sind (handelsüblich 6–10 Spiegel in Sechserstellung), erreichen sie kaum mehr als 0,5 m^2 Gesamt-Reflektionsfläche.
Meines Erachtens ist nicht nachvollziehbar, wie mit derartigen Reflektoren bei einem Durchmesser von 5 cm (Innenkante = 2,5 cm) eine Reflektionsfläche von 2 m^2 und bei einem Durchmesser von 10 cm analog sogar 4 m^2 erreicht werden soll. Das muss jedoch nicht heißen, dass diese Reflektoren unter Normalverhältnissen auf kürzere Entfernung nicht durchaus ein brauchbares Echo liefern. Schließlich zeigt die Praxis, dass die Pricken (meist nur einfache Stangen aus Holz mit einem aufgesetzten Besen) sich im Wattenmeer bei geschickter Radarbedienung durchaus deutlich auf dem Radar abbilden. Vermutlich liegt der Grund hierfür in dem Staniolstreifen, mit dem sie am oberen Ende versehen sind.

Weitere bestimmende Faktoren

Neben den konstruktiven Merkmalen wird die Effizienz eines Radarreflektors wesentlich be-

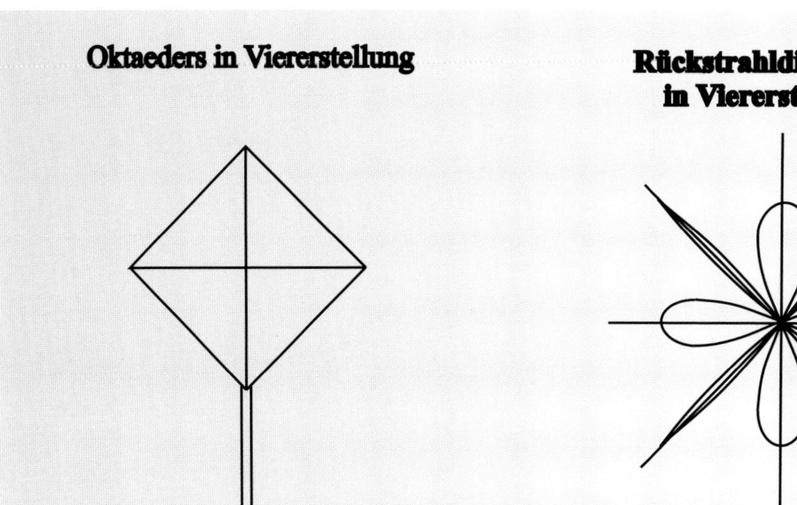

Abb. 21: Eigenschaften eines Oktaeder in der Viererstellung.

einflusst durch die Aufstellungshöhe (sie sollte so hoch wie möglich sein; siehe hierzu die mathematische Formel für den Radarhorizont) und durch die korrekte Anbringung/Aufhängung an Bord. Radarreflektoren sollten möglichst so angebracht sein, dass die horizontal einfallende Radarstrahlung in die Symmetrieachse einer der Spiegel fällt. Nur so wird ein

Abb. 22: Eigenschaften eines Oktaeders in der Sechserstellung.

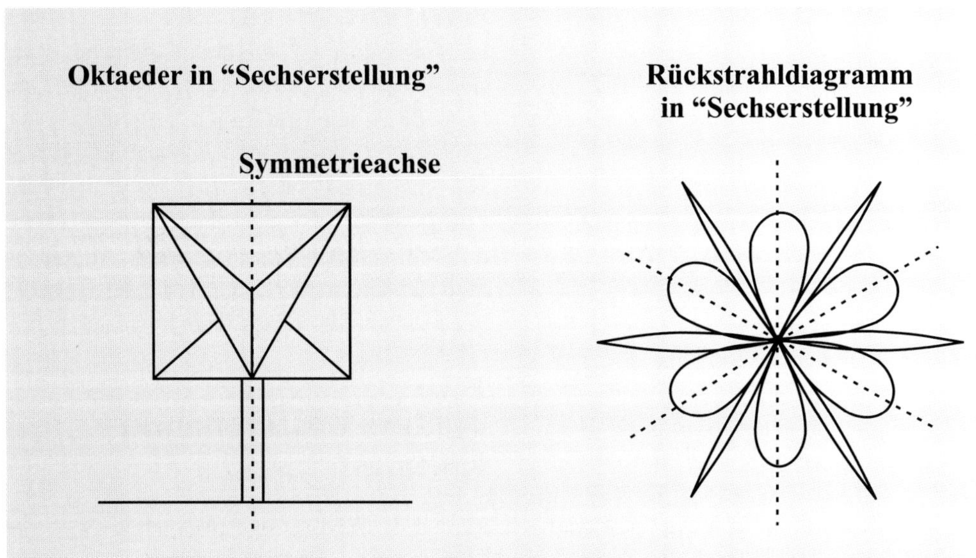

Abb. 23a + b: Oktaeder in »Sechserstellung«.

Optimum der einfallenden Strahlung horizontal gebündelt zurückgestrahlt.
In der Praxis sieht es dann so aus, dass es drei spezielle Anordnungen für Kleinfahrzeuge gibt.
Die **Viererstellung** (siehe Abb. 21) erhielt ihren Namen, weil nur vier »Corner« an der Reflektion beteiligt sind. Parallel zur Wasseroberfläche verlaufende Radarstrahlen werden nur an den senkrechten Flächen reflektiert. Die anderen Flächen zeigen keine Wirkung. Eine ungleichmäßige Rundumabdeckung ist die Folge.
Besser geeignet als ein Oktaeder in Viererstellung ist für Sportboote ein Tripelspiegel in **»Sechserstellung«** (siehe Abb. 22). Die Symmetrieachse zweier sich gegenüber liegender Corner steht senkrecht zur Wasseroberfläche. Die einfallenden Radarwellen werden pro Corner zwar etwas geringer als maximal reflektiert, dafür sind in Richtung eines jeden Zieles nunmehr aber sechs von acht Ecken auf dem Umfang des Reflektors angeordnet. Daher wird ein fast gleichmäßiges geschlossenes Rundum-Rückstrahldiagramm erzielt. Eine technisch sinnvolle Lösung für Motoryachten.
Radarvermessungen von Segelyachten haben ergeben, dass das stehende Gut eine recht ordentliche Reflektionsfläche darstellt, solange die Radarwellen von der Seite auftreffen. Für Segelyachten ist es daher wichtig die Reflektionsfläche nach voraus und achteraus zu verbessern. Das kann am Besten mit einem Oktaeder in **»Yachtstellung«** (siehe Abb. 24) erreicht werden. Hierbei liegt die Symmetrie-

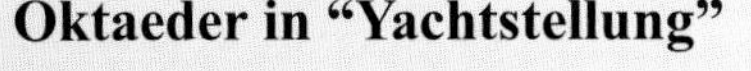

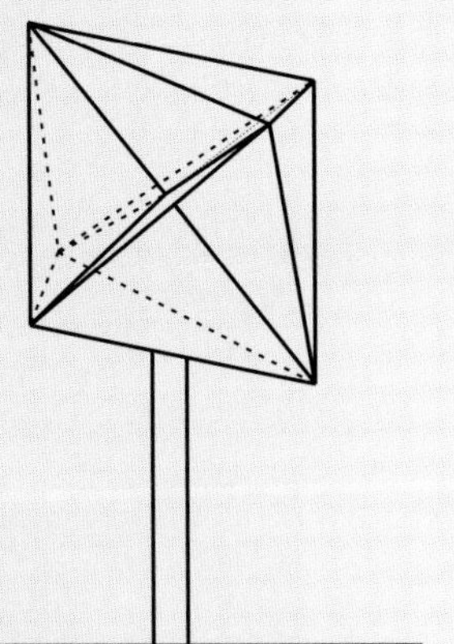

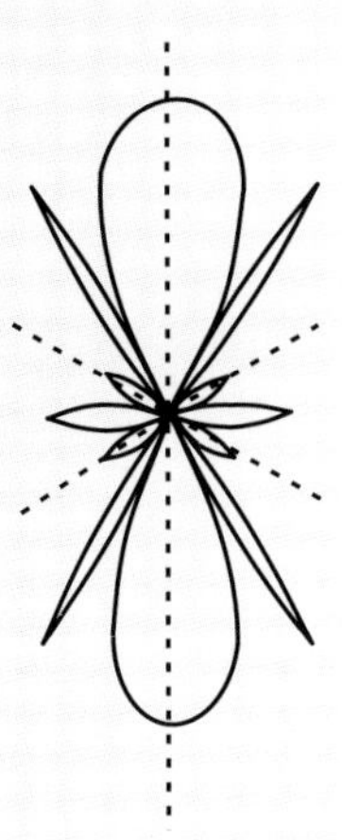

Abb. 24: Eigenschaften eines Oktaeders in der so genannten Yachtstellung.

achse zweier sich gegenüber liegender Ecken parallel zur Wasseroberfläche in Richtung der Schiffslängsachse. Zusammen mit den guten Reflektionseigenschaften des stehenden Gutes kann so eine gute Rundumerfassung der Yacht erzielt werden.

Zusammenfassend kann gesagt werden, dass überall dort, wo auf kleinen Fahrzeugen eine möglichst lückenlose Rundumerfassung erzielt werden soll, die Anbringung eines Oktaeders in »Sechserstellung« angebracht ist. Die Anbringung eines Oktaeders in »Yachtstellung« ist überall dort zweckmäßig, wo die Reflektionseigenschaften in zwei entgegengesetzten Richtungen verbessert werden sollen.

Völlig falsch jedoch ist es, die Befestigung eines Radarreflektors an einer Leine vorzunehmen, da auf diese Art keine optimale und eindeutig definierbare Rückstrahlwirkung erreichbar ist. Ein Radarreflektor für optimale Wirkung muss fest und »windschief« wie oben beschrieben montiert sein.

Die Viererstellung ist überall dort vertretbar, wo mit billigen Mitteln auf Kleinfahrzeugen (z.B. Rettungswagen im Watt, Ruderboote oder kleine Fischerei- und Angelfahrzeuge, Rettungsboote) eine Radar-Auffindbarkeit erreicht werden soll.

Käufliche Reflektortypen

Rohrreflektoren

Rohrreflektoren sind weit verbreitet. In der Regel bestehen sie aus 8–10 kleinen Tripelspiegeln, die in Viererstellung in einem Plastikrohr von bis zu 60 cm Länge übereinander montiert sind. Der Durchmesser eines solchen Rohres beträgt ca. 50 mm, was einer Innenkantenlänge von 22 mm entspricht. Die Vielzahl der klei-

Abb. 25: Links (oben) ein Tripelspiegel in einem Kunststoffbehälter, rechts ein Rohrreflektor.

nen Reflektoren soll eine hohe Wirksamkeit suggerieren. Ergebnisse können annäherungsweise der obigen Tabelle entnommen werden. Die Wirkung mit ca. 0,5 m^2 ist vernachlässigbar. Schon das Rigg einer kleineren Yacht dürfte eine bessere Reflektion erzeugen.

Blipper-Reflektoren

Hierbei handelt es sich im Prinzip um die Unterbringung eines oder mehrerer Tripelspiegel in einem länglichen Kunststoffbehälter mit einem Durchmesser von etwa 30 cm. Die Innenkantenlänge dürfte etwa 21 cm betragen; der Radarquerschnitt dürfte bei etwa 8 m^2 liegen. Messungen ergaben eine maximale Reichweite von ca. 5 sm (Montagehöhe 6 m)[6]. Damit sind diese Reflektoren schon erheblich besser als die Rohrreflektoren.

Oktaeder (siehe Abb. 23)

Diese Reflektoren gibt es in Größen ab 20 cm aufwärts. Auch hier gilt, dass man sich die kleineren Ausführungen sparen kann, denn die Radarrückstrahlfläche sollte wesentlich über der des eigenen Riggs (ca. 2 m^2) liegen, d.h. der Oktaeder sollte größer als 20 cm sein. Ein wirklich brauchbarer Oktaeder hat eine Innenkantenlänge von 30 cm (entspricht etwa 43 cm Außenkante und 60 cm zwischen den Spitzen). Dann beträgt die Reflektions-

6) Palstek 6/98

fläche 37 m^2 und das Schiff erscheint bei 6 m Montagehöhe bereits in einer Entfernung von sieben Seemeilen als Echo.
Eine Sonderausführung hiervon sind die im kommerziellen Bereich auf kleineren Hilfs- und Dienstfahrzeugen verwendeten und von der Seeberufsgenossenschaft zugelassenen Oktaeder in einem orangefarbenen Kunststoffballon von etwa 60 cm Durchmesser (siehe Abb. 25).

Radar Target Enhancer (RTE)

Das ist ein Radar-Antwort-Sender, auch Radar Transponder genannt, der bei Empfang eines Radarsignals auf gleicher Frequenz mit einem verstärkten Signal antwortet. Derartige Geräte sind seit langem sowohl in der Seefahrt (an besonders wichtigen oder gefährlichen Ansteuerungen, Feuerschiffen oder Durchfahrten) als auch in der Luftfahrt unter dem Begriff »Racon« bekannt. Die vergleichbare Radarrückstrahlfläche der entsprechenden Geräte für Wasserfahrzeuge beträgt ca. 80 m^2; der Preis liegt bei ca. 1000 EUR.

Messwerte aus der Praxis

Die Messergebnisse aus der Praxis bestätigen im Wesentlichen die obigen Aussagen. Details finden Sie dazu in einem Artikel im »Palstek« 6/98 von Michael Herrman.
Eigenartigerweise finden sich nirgendwo in der Fachliteratur Radarrückstrahl-Diagramme mit verlässlichen Rückstrahlwerten für die Rohrreflektoren, obwohl man diese zu den meistverbreiteten Reflektoren zählen muss.

Gesetzliche Grundlagen

Für Regatten, für Charterfahrzeuge und sonstige kommerziell betriebene Wassersportfahrzeuge in Deutschland gelten hinsichtlich der Ausrüstung die »Sicherheitsrichtlinien der Kreuzerabteilung des DSV« (Ausgabe 2000/2002).
Gem. Sicherheitsrichtlinien des DSV Pkt. 8.7. S.25 als auch den Wettsegelbestimmungen des ORC (Offshore Racing Council) wird gefordert: »Beachten Sie ISO 8729. Achtflächige Radar-Reflektoren müssen einen Mindestquerschnitt von 457 mm (18«) besitzen; nicht achtflächige Reflektoren müssen eine vom Hersteller attestierte Reflektionsleistung von mehr als 10 m^2 Kugelprojektionsfläche besitzen. Die effektive Mindesthöhe über Wasser ist 4 m. Der Radarreflektor muss in Yachtstellung angebracht sein entsprechend den Empfehlungen des BSH (Bundesamt für Seeschifffahrt und Hydrographie).«
Diese Forderung entspricht im Wesentlichen den oben gemachten Aussagen und Forderungen des Verfassers nach einer Innenkantenlänge von mindestens 30 cm.
Darüber hinaus wird von der IMO (International Maritime Organisation) in der neuesten Ausgabe der SOLAS (»Safety of Life at Sea«) in Kapitel 5, gültig ab 1. Juli 2002, für jedes seegehende Fahrzeug unter 150 BRZ die Ausrüstung mit einem Radarreflektor oder anderem Gerät für die Reflektion von 9 GHz- und 3 GHz-Radarwellen in einer solchen Form gefordert, dass die Entdeckung von mit Radar navigierenden Schiffen gewährleistet ist. Die Leistungsmerkmale hierfür waren bisher festgelegt in der »Recommandation on Performance Standards for radar reflectors (resolution A.384,X)«. Diese wurde zur Zeit der Drucklegung dieses Buches gerade überarbeitet. Nach Abschluss dieser Arbeiten dürfte dann wohl auch die Umsetzung in deutsches Recht erfolgen.

5 Radarnavigation

Grundsätzlich gilt, dass Radar nur eines der Navigations-Hilfsmittel ist. Trotz seiner vielfältigen Möglichkeiten darf die Anwendung der anderen Verfahren – insbesondere der terrestrischen Navigation im Küstenbereich – zur Kontrolle des Schiffsortes nicht vernachlässigt werden.

Allgemeines

Die Voraussetzung jeglicher Radar-Navigation ist die Ortbarkeit von Objekten. Maßgebend hierfür sind deren Radar-Rückstrahleigenschaften, die streng mathematisch gesehen zwar den Regeln der Optik folgen, auf Grund ihrer Komplexität und der atmosphärischen Dämpfung aber nur empirisch zu ermitteln sind. Für uns als Sportbootfahrer kommt hinzu, dass die in der Fachliteratur zu findenden Erfassungsreichweiten sich auf Ortungsbedingungen von ruhigen Plattformen aus und auf Radargeräte mit besserer Bündelung und höherer Leistungsdichte beziehen, als sie auf Sportbooten möglich bzw. üblich sind. Daher sind diese Erfassungsreichweiten für Sportboote leider nicht repräsentativ. Wir dürfen diese Werte nur in ihrer grundsätzlichen Relation zueinander betrachten und müssen von ihren Beträgen erhebliche Abstriche machen. In der Praxis heißt das, dass jeder Bootsbesitzer für seine spezielle Situation die Leistungsfähigkeit seiner Anlage gegen die unterschiedlichen Radarziele und unter den unterschiedlichen Seegangsbedingungen selbst in Erfahrung bringen muss. Erfassungsreichwei-

Erfassungsreichweiten gegen Schiffsziele[7]*:*

Große Handelsschiffe	16 bis 20 sm
Mittlere Handelsschiffe um 10.000 t	10 bis 15 sm
Fischkutter und Kümos	3 bis 6 sm
Yachten mit Radarreflektor	2,5 bis 6 sm
Sportboote	0,5 bis 3 sm
Standardradarreflektor (Oktaeder)	3,5 sm

(Bei normalen Ausbreitungsbedingungen und einer Antennenhöhe von 15 m)

7) Müller/Kraus: »Handbuch für die Schiffsführung«

ten von mehr als 12 sm von Sportbooten aus sind kaum erreichbar. Dennoch ist es wertvoll, die wesentlichen Erkenntnisse der Fachwelt zu kennen.

Die Erfassung von Segelyachten und sonstigen Sportbooten unterliegt einer besonderen Problematik. Die Reflektionsfähigkeiten bei Sportbooten sind in erster Linie auf den Rumpf und die Takelage zurückzuführen, wobei die Segel die Radarenergie kaum reflektieren und auch der Unterschied zwischen einem Stahlrumpf und einem GFK-Rumpf unwesentlich ist. Viel bedeutender ist hinsichtlich der Reflektion von Radarenergie die geringe Freibordhöhe. Dadurch verschwindet für andere Fahrzeuge der Rumpf selbst schon bei geringem Seegang oder bei Dünung im Wellental und entzieht sich so kurzfristig jeglicher Ortung. Sportboote, die keinen vernünftigen Radarreflektor besitzen bzw. nicht in entsprechender Höhe montiert haben, werden daher bei Seegang und schwerem Wetter nur unregelmäßig auf dem gegnerischen Radar abgebildet oder gar als »pumpende Echos« von Raster-Scan-Bildschirmen auf Grund des Korrelationsverfahrens überhaupt nicht abgebildet.

Tonnen sind auf Grund ihrer Form und ihrer geringen Höhe über der Wasseroberfläche schlechte Radarziele. Ihre Erfassungsreichweite wird durch Seegang ganz wesentlich beeinträchtigt. Daher sind an verkehrtechnisch wesentlicher Position liegende Tonnen oftmals mit Radarreflektoren oder sogar mit einem Bakensender ausgestattet. Auf wichtigen Schifffahrtswegen ist in Deutschland normalerweise jede zweite Tonne mit einem Radarreflektor versehen. Nur so kann auch für die Landradarketten der Revierzentralen die zuverlässige Ortung der Tonnen der Schifffahrtswege sichergestellt werden. Derartige Ausrüstungsmerkmale von Tonnen sollten in jeder Seekarte vermerkt sein.

Erfassungsreichweiten gegen Landziele:
Bei der Deutung von Radarreflektionen aus Landmassen ist Vorsicht geboten. Landziele können grundsätzlich nur dann geortet werden, wenn sie die Radarenergie so stark in Richtung des Senders reflektieren, dass sie sich deutlich gegenüber ihrer schwach oder diffus reflektierenden Umgebung abheben und ein markantes Echo liefern, das auf der Seekarte zweifelsfrei identifiziert werden kann. Ein Leuchtturm auf einer Steilküste wird nicht ortbar sein; ein im Flachwasser stehendes Leuchtfeuer dagegen müsste klar erkennbar sein.

- Gebäude, Hafenanlagen, Masten und Ortschaften sind nur nach Maßgabe der obigen Kriterien ortbar und wenn sie nicht durch davor liegende Objekte abgeschattet werden. Insbesondere ins Wasser hineinragende Wasserbauten wie Schiffsanleger,

Erfassungsreichweiten gegen Tonnen[8]*:*	
Große Tonnen mit Radarreflektor	4 bis 10 sm
Mittlere Tonnen je nach Form, Neigung und Reflektor	2 bis 5 sm
Kleine Tonnen je nach Form, Neigung und Reflektor	0,3 bis 2 sm

8) Müller/Krauss: »Handbuch für die Schiffsführung«

Buhnen, Köpfe von Hafenmolen und frei im Wasser stehende Seezeichen und Leuchtfeuer eignen sich besonders gut als Peilobjekte.

- Küstenlinien, Deiche, Strände und Sandbänke liefern wegen ihrer diffusen Rückstrahlung keine verlässlichen markanten Echos. Es besteht eine hohe Gefahr der Fehlinterpretation insbesondere in Tidengewässern.
- Waldränder und bewachsene Berge liefern zwar optisch markante Punkte, sind radartechnisch aber sehr stark streuende Objekte, die kaum verlässliche mit der Seekarte korrelierbare Echos/Punkte ergeben.
- Felsige Steilküsten ergeben auf große Entfernungen sehr gute Radarechos, die einen guten Anhalt für den Landfall bieten, aber oftmals auf der Seekarte nicht zur Ortsbestimmung geeignet sind.

Ortsbestimmung

Im Prinzip ist eine Ortsbestimmung mit Radar sehr einfach. Es gibt die folgenden Möglichkeiten zur Ortsbestimmung unter zu Hilfenahme der Radaranlage (gelistet in der Reihenfolge ihrer Genauigkeit):

- optische Peilung und Radarentfernungsmessung
- Radarentfernungen mehrerer Objekte
- Radarpeilung und Radarentfernung
- Radarkreuzpeilung mehrerer Objekte.

Zunächst einmal bedarf es eines intensiven Kartenstudiums und Vergleiches des Radarbildes mit der Seekarte. Natürlich muss man ungefähr wissen, wo man steht und dann basierend auf dem Vergleich des Radarbildes mit der Karte mehrere peilbare oder zumindest ein peilbares, klar identifizierbares Objekt ausmachen. Ein vergleichender Blick von Oberdeck kann darüber hinaus sehr hilfreich sein, zumal einer optischen Peilung auf Grund ihrer höheren Genauigkeit immer der Vorzug zu geben ist. Sind Objekte identifiziert und als radartauglich befunden, können sie mit dem Radar nach Peilung und Abstand eingemessen werden. Am Besten bedient man sich hierbei des elektronischen Peilstrahls plus variablen Messrings oder des Cursors, wenn vorhanden. In der Regel wird es sich bei den meisten Sportbooten um eine Radar-Seitenpeilung handeln (Radarbild Head-Up bzw. Course-Up). Doch wenn an das Radar ein Kompass angeschlossen sein sollte, wäre eine rechtweisende Peilung erheblich besser, weil sie von den Bewegungen des Schiffes unabhängig ist und der Kompasskurs nicht gleichzeitig abgelesen werden muss. Bei punktförmigen Zielen wird bezüglich der Peilung grundsätzlich die Mitte des Objektes (der Radarschwerpunkt) angepeilt. Hinsichtlich der Entfernung lässt man die Ziele aufsitzen, d.h. der Abstandsring bzw. der Cursor berührt das Peilobjekt von innen her.

Falls das zu peilende Objekt auch optisch erkennbar ist, sollte die Seitenpeilung vorzugsweise optisch erfolgen.

Wenn der Schiffsort bekannt und in die Seekarte eingetragen ist, können durch Übertragen von Radarpeilungen in die Seekarte meistens weitere Ziele zugeordnet oder bestätigt und für spätere Peilungen genutzt werden.

In der Berufsschifffahrt werden die folgenden Messgenauigkeiten erwartet: Bei richtiger Handhabung und gut justierten Radargeräten kann man die Radarabstände auf etwa 1 % bis 1,5 % vom Radius des geschalteten Messbereiches genau erfassen[9].

Die azimutale Peilgenauigkeit ist umso größer, je weiter sich das Ziel am Bildschirm-

9) Müller/Krauss: »Handbuch für die Schiffsführung«

rand befindet. Der Peilfehler für Ziele am Schirmrand darf nicht größer als 1,5° sein. Peilungen von quer ragenden Landecken sind um die halbe Keulenbreite falsch, weil die Zielerfassung mit dem äußeren Rand der Radarkeule beginnt bzw. endet, die Anzeige jedoch mit der Keulenmitte erfolgt.

Auf Sportbooten gibt es im Allgemeinen keinen Kreiselkompass, die Magnetfeldsensoren weisen oftmals auch eine Deviation auf, und zusätzlich gibt es auf Grund der kleinen unruhigen Plattform oftmals größere Messfehler als bei der Berufsschifffahrt. Daher sollte meines Erachtens sicherheitshalber jeder Skipper sehr genau bedenken, mit welchen Peilgenauigkeiten für das angewandte Verfahren gerechnet werden kann und sein Radargerät diesbezüglich regelmäßig überprüfen.

Die Schwierigkeit bei dieser Navigation liegt aber nicht in erster Linie in der Peilung der Objekte, sondern vielmehr in der Interpretation des Radarbildes, der Identifizierung des Radarobjektes in der Seekarte sowie der Eignung des Radarobjektes für eine exakte Peilung. Daher sollte ein Radarbeobachter anfangs das Radargerät auch bei guter Sicht benutzen und durch Vergleich des Radarbildes mit optischen Beobachtungen und der Seekarte Erfahrungen sammeln. Moderne teure Radaranlagen erlauben u. U. die Überlagerung der Seekarte über das Radarbild, was eine große Hilfe bei der Zuordnung von Radarechos zu Objekten sein kann.

Hilfsmittel zur Radarnavigation

In Kenntnis der gerade erläuterten Identifizierungsproblematik werden zur Erleichterung der Navigation an besonders kritischen Orten wie Ansteuerungen, Brücken und Hafeneinfahrten sogenannte Radar Transponder eingesetzt (in der Seekarte als Racon gekennzeichnet), die auf dem Radarbild ein unverwechselbares mehrstufiges Echo bzw. eine Morsebuchstaben-Kennung des betreffenden Ortes geben. Rein technisch gesehen handelt es sich dabei um Radarantwortbaken, die nur dann Radarimpulse aussenden, wenn sie durch den

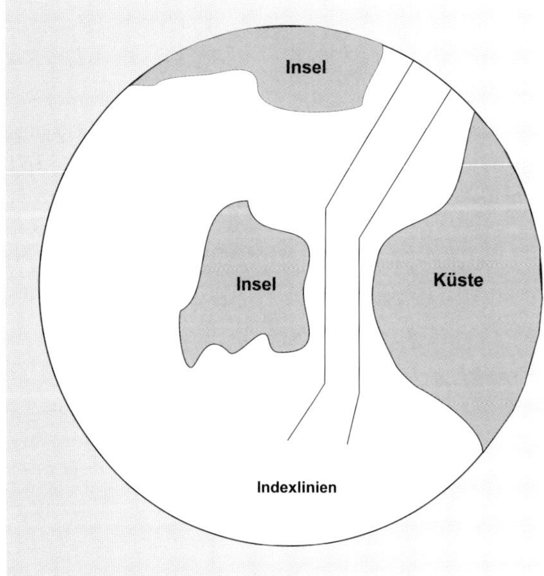

Abb. 26: Indexlinien zur Unterstützung der Navigation.

Sendeimpuls einer Radaranlage angestoßen (getriggert) werden.
Außerdem haben die besseren modernen Radargeräte interessante Gerätefunktionen aus dem ARPA-Repertoire[10] zur Unterstützung der Navigation. Hierzu zählen: Die Wegepunkte, die Mann-über-Bord-Funktion, die synthetischen Hilfslinien und die Möglichkeit der Überlagerung von Seekarten (s. a. Abb. 26).
Die Wegepunkt-Navigation ist den meisten Lesern sicherlich bereits vom GPS her bekannt. Durch die Eingabe von Hilfspunkten und die Darstellung der eigenen Kurslinie wird es dem Skipper erleichtert, in anspruchsvollen Seerevieren die notwendigen Sicherheitsabstände zu Untiefen und Verbotszonen zu halten, korrekt in Trenngebieten zu fahren, Fahrtrouten und Kurse in Ruhe vorzuplanen und die Notwendigkeit von Kursänderungen immer rechtzeitig angezeigt zu bekommen. Für jeden in Tidegewässern unerfahrenen Skipper muss an dieser Stelle darauf hingewiesen werden, dass bei Wegepunkt-Navigation und Indexlinien eine ständige Beobachtung der eigenen Position in Bezug auf die Kurslinie (Cross Track Error) erforderlich ist.
Hilfslinien finden sich bei fast allen Raster-Scan-Bildschirmen, gleichgültig ob synthetische Karten verfügbar sind. Mit Hilfe dieser künstlichen Navigationslinien (auch Indexlinien genannt) ist es möglich, parallel um den beabsichtigten Kurs einen Sicherheitskorridor zu legen und auf diese Art sehr schnell unbeabsichtigte Abweichungen (z.B. durch Strom- und Windabdrift) zu erkennen.
Eine große Hilfe bei dieser Navigation können die elektronischen Seekarten (engl. »Video Map«) sein, die entweder durch Teilung des Radarbildschirms eingeblendet oder dem Radarbild überlagert werden können. Bei der Überlagerung muss die synthetische Seekarte immer sauber mit dem Radarbild justiert sein. Diesem Zwecke dienen die so genannten Referenzpunkte. Vorraussetzung hierfür ist, dass dem Radargerät die Kurs- und Fahrtwerte über Grund mit der geforderten Genauigkeit zur Verfügung stehen, was auf vielen Sportbooten kaum erfüllbar ist.

Radarnavigation im Küstenbereich

Wenn auch heutzutage in der Regel mit Hilfe von GPS navigiert wird, so kommt dem Hilfsmittel Radar gerade für Sportbootfahrer im Küstenbereich große Bedeutung zu. Von See kommend trifft man auf geringere Wassertiefen und echte Untiefen, zwischen denen es gilt, das Seegatt und die Ansteuerung zu finden. Die Untiefen und die Flachwassergebiete führen verstärkt zu Seegangsechos, und in Strömungsgewässern wie der Nordsee ist es nicht selten der Fall, dass wegen der Verschiebung von Sandbänken und Änderung von Prielen während der Wintermonate die Betonnung und Ansteuerung durch die Wasser- und Schifffahrtsämter geändert werden mussten. Wenn dann bei Sportbootfahrern die letzten »Nachrichten für Seefahrer« noch nicht in die Seekarten eingearbeitet wurden, dann ist selbst mit dem besten GPS bei etwas stürmischem Wetter das Seegatt mit der Ansteuerung auf größere Entfernung in Anbetracht der niedrigen Augenhöhe kaum zu finden. Dann helfen nur Radar und ein geschickter manueller Umgang mit den Bedienelementen des Radar (z. B. »Gain« und »Sea Clutter«), um aus

10) ARPA ist die Abkürzung von »Automatic Radar Plotting Aid«.

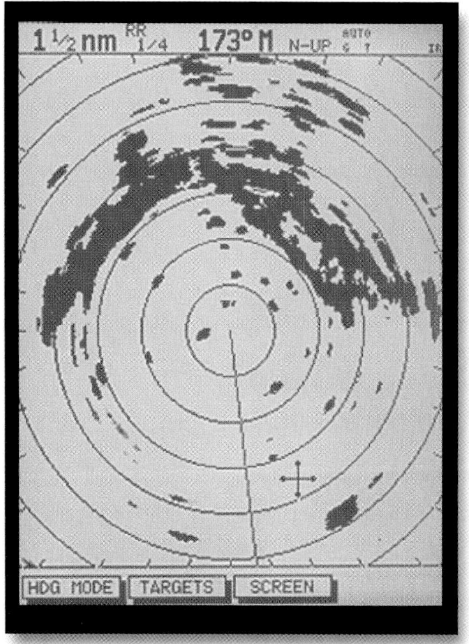

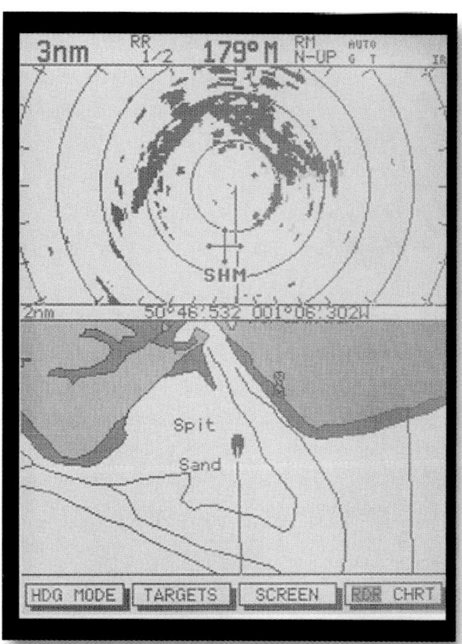

Abb. 27: Radarbild und Seekarte im Vergleich.[11)]

den Seegangsechos die Ansteuerung herauszufinden. Parallel dazu muss natürlich verschärft Ausguck gehalten und die Kontrolle des Schiffsortes mit den anderen Navigationsverfahren fortgesetzt werden. Dem kommt bei einem derartigen Landfall ganz besondere Bedeutung zu, da in Tidengewässern und Flachwassern Sandbänke, Wattgebiete und Küstenlinien nur schwach oder gar nicht angezeigt werden bzw. deren Abbildung sich mit der Tide ständig ändert und somit die Korrelation der auf dem Radarbild abgebildeten Konturen mit der Seekarte außerordentlich schwierig sein kann. Ein Beispiel hierfür zeigt Abbildung 27.

Ausgehend von der Seekarte müsste es sich im obigen Fall um relativ klare Navigationsbedingungen und ein leicht zu deutendes Radarbild handeln, denn die Küstenlinien werden als Steilküsten angegeben und das Fahrwasser in den Hafen müsste sich auch deutlich abzeichnen. Doch genau das Gegenteil ist der Fall, und die Korrelation des Radarbildes mit der Seekarte ist ausgesprochen schwierig.

Revierfahrt mit Radar

Die Ortsbestimmung und Kursermittlung mit Radar erfolgt im Revier nach anderen Prinzi-

11) Die Radarbilder wurden freundlicherweise von der Fa. Eissing in Emden zur Verfügung gestellt.

pien als den bisher erwähnten. Ausgehend davon, dass man seinen Abgangsort (Hafenausfahrt oder Ansteuerung) genau kennt, wird nun mit Hilfe des Radars direkt vom Radarscope aus navigiert. Das Verfahren ist ähnlich dem der Fluglotsen bzw. dem der Radarberatung durch die Revierzentralen, nur dass es in diesem Falle zwischen dem Radarbeobachter und der Wache an Deck läuft. Der geschaltete Messbereich am Radar sollte 3 sm sein und möglichst wenig gewechselt werden. Ein kleinerer Messbereich führt zwar zu mehr Detailinformationen, aber auch zum Verlust hinreichender Übersicht und rechtzeitiger Vorwarnung. Positionen werden bezogen auf Seezeichen angegeben. Zum Beispiel: »noch 0,5 sm bis zur Ansteuerung«, oder als Querabstand beim Passieren von Fahrwassertonnen. Kurse werden am Radar mit Hilfe des Peilstrahles zum Passierpunkt der nächsten Fahrwassertonne ermittelt. Tonnen liegen oft paarweise gegenüber, werden mitgezählt und ihr Passieren sorgfältig im Logbuch festgehalten. Aus der Seekarte sollte man die Distanz zum jeweils nächsten Tonnenpaar entnehmen und auf dem Bildschirm rechtzeitig identifizieren, sodass beim Passieren eines Tonnenpaares keine Informationslücke entsteht. So »hangelt« man sich von Tonnenpaar zu Tonnenpaar. Es ist empfehlenswert, die Kursempfehlungen und Kurskorrekturen vom Radar ständig mit den Kartenkursen zu vergleichen. Fahrwassertonnen können vertrieben sein, oder der Radarbeobachter kann Festpunkte auf seinem Bildschirm (wie Angler oder für Messzwecke ausgelegte Bojen) mit Fahrwassertonnen verwechselt haben. Daher ist ein kontinuierlicher Dialog mit dem Ausguck an Oberdeck und ein dauernder Vergleich mit der Seekarte unumgänglich.
Gleichzeitig ist auf Entgegenkommer und Mitläufer zu achten, die Besatzung an Oberdeck rechtzeitig zu informieren und auf deren »Feedback« zu warten.
Das alles erfordert insbesondere von dem Navigator am Radar äußerste Aufmerksamkeit und ist ein ausgesprochen stressiger Job.
Im Prinzip entspricht dieses Verfahren der Rolle für Nebelfahrt, in der Berufsschifffahrt bekannt unter dem Begriff »Blind Piloting«.
Auf die folgenden Gefahren bei dieser Art der Navigation sei ausdrücklich hingewiesen:

- Sportboote sind gehalten, sich gemäß dem »Rechtsfahr-Gebot« nahe am Tonnenstrich zu halten. Dementsprechend ist der Kurs anzulegen und zu fahren. Nähert man sich einer Tonne, so verschwindet diese meist im Nahbereich vom Bildschirm, und man läuft Gefahr, auf diese Tonne aufzulaufen.
- Ist das Revier ein strömendes Gewässer und die eigene Geschwindigkeitsangabe stammt nicht aus dem GPS oder die Fahrtrichtung zur Strömung variiert, so machen beim eventuellen Plotten alle Tonnen Fahrt mit der Strömungsgeschwindigkeit des Gewässers.
- In strömendem Gewässer tendiert man bei Strom direkt von vorn oder direkt von achtern immer dazu, zu dicht an den Tonnen vorbeizufahren oder ungewollt auf sie drauf zu driften. Falls möglich sollten sich Sportboote außerhalb des Fahrwassers halten.
- In strömenden Gewässern bei Strom mehr oder weniger von querab ist es sehr schwer, den erforderlichen Stromvorhalt vom Radarbild aus abzuschätzen. 15°–30° und mehr Vorhalt sind keine Seltenheit. Hier helfen nur intensive Beobachtung und ständige Korrekturen.

Ohne Übertreibung kann gesagt werden, dass diese Form der Revierfahrt für den normalen Sportbootfahrer ein ausgesprochen schwieriges Verfahren ist, aber leider bei schlechter Sicht auf einem mit Radar ausgerüsteten Fahrzeug unvermeidbar ist. Siehe auch KVR-Regeln 6b, 7 und 19.

In der Berufsschifffahrt wird daher uneingeschränkt auf Revierfahrt die Teilnahme an der Landradarberatung empfohlen.

Bekanntermaßen stellt sich für die Sportbootschifffahrt die Lage etwas anders dar. Erstens ist bei weitem nicht jedes von Sportbooten angelaufene Revier mit Landradarberatung ausgerüstet, und zweitens ist die Realität so, dass die Inanspruchnahme der Radarberatung den meisten Skippern fern liegt, und wenn nur aus Kostengründen. Das ist im Prinzip unbefriedigend.

Für die mit Radar ausgerüstete Sportbootschifffahrt kann nur empfohlen werden, die Rolle »Nebelfahrt« als einen festen Bestandteil der Aufgabeneinteilung an Bord zu installieren. Der beste Mann gehört ans Radar und ein guter Mann ans Ruder. Daneben muss intensiv Ausguck gehalten werden. In dieser Rollenverteilung sollte »Nebelfahrt« im Revier so oft wie möglich bei gutem Wetter und guter Sicht geübt werden. Nur so weiß der Skipper, wie viel er sich und seiner Besatzung zumuten kann.

6 Plotten zur Kollisionsverhütung

Grundsätzliches

Auswertungsverfahren allgemein

Es erscheint zweckmäßig, an dieser Stelle nochmals an die Regeln 7 und 19 der KVR (siehe Kapitel 1) zu erinnern.
Es heißt in Regel 19d (Verhalten bei verminderter Sicht): »Ein Fahrzeug, das ein anderes lediglich mit Radar ortet, muss ermitteln, ob sich eine Nahbereichslage entwickelt und/oder die Möglichkeit der Gefahr eines Zusammenstoßes besteht. Ist dies der Fall, so muss es frühzeitig Gegenmaßnahmen treffen.«
In Regel 7b heißt es: »Um eine frühzeitige Warnung vor der Möglichkeit der Gefahr eines Zusammenstoßes zu erhalten, muss eine vorhandene und betriebsfähige Radaranlage gehörig gebraucht werden, und zwar einschließlich (...) des Plottens.« Diese Regel gilt generell und nicht nur bei verminderter Sicht.
Damit sind die Maßstäbe durch den Gesetzgeber eindeutig gesetzt und die Konsequenzen für jeden Skipper festgelegt, der eine Radaranlage an Bord hat. Es sollte jedem Bootsführer bewusst sein, dass diese Maßstäbe unterschiedslos an jeden Führer eines Fahrzeugs angelegt werden, ohne Rücksicht darauf, ob die Führerscheinvorschriften bzw. Prüfungsverordnung dem Scheininhaber die entsprechenden Fähigkeiten abverlangen oder nicht.
Der Begriff »Plotten« kommt aus dem Englischen und bedeutet im Militärischen nichts anderes als die kontinuierliche Darstellung von Zielpositionen zum Zwecke der Ermittlung von Gegnerkurs und -fahrt sowie zur Erstellung eines Lagebildes. Später kamen dann die Aufgaben der Stationierung in einem Schiffsverband, das Abfahren von Suchmustern und die Errechnung von Ausweichmanövern hinzu.
Für den Sportbootfahrer geht es heutzutage nur um die Ermittlung stehender Peilungen, die Ermittlung von Gegnerkurs und -fahrt und die Errechnung von Ausweichmanövern.
Die Grundlage hierfür liefern die Echoanzeigen auf dem Bildschirm des Radargerätes. Gleichgültig welche Darstellungsart am Bildschirm gewählt ist, als Erstes gilt es für den Radarbeobachter zu ermitteln, ob es sich bei dem Echo um eine stehende Peilung handelt. Wird festgestellt, dass dies nicht der Fall ist, dann muss als Nächstes herausgefunden werden, ob sich bei Fortentwicklung der derzeitigen Situation eine Nahbereichslage entwickeln würde.
Eine stehende Peilung kann leicht erkannt werden, indem man den elektronischen Peilstrahl ausgehend vom eigenen Fahrzeug über das Zielecho legt. Wandert das Zielecho auf diesem Peilstrahl in Richtung Mittelpunkt, also auf das eigene Fahrzeug zu, so handelt es sich zweifelsohne um eine stehende Peilung. Dann heißt es, nach den Regeln der KVR vorzugehen und mit den nachfolgend dargestellten Methoden ggf. »frühzeitig« ein Ausweichmanöver zu errechnen.
Liegt jedoch keine stehende Peilung vor, so muss, wie bereits erwähnt, ermittelt werden, ob sich eine Nahbereichslage entwickeln könnte.

Dazu kann man bei Relativ-Darstellungsarten als Grobauswertung auf dem Bildschirm mit einem Fettstift das Zielecho fortlaufend markieren und die so erhaltene relative Bewegung geradlinig fortschreiben. Der lotrechte Querabstand zum eigenen Fahrzeug ist ein Maß für den zu erwartenden Passierabstand.

Für eine zuverlässige Aussage sind jedoch genauso wie beim Plotten mindestens drei Ortungen des Zieles im Abstand von jeweils drei Minuten erforderlich. Diese Bedingung ist erfüllt, wenn die Ortungen auf einer Geraden in gleichbleibendem Abstand liegen. Wichtig ist außerdem, dass an Bord des eigenen Fahrzeugs sauber Kurs gehalten wird. Daher empfiehlt es sich in solchen Situationen auf Sportbooten, den Rudergänger zu besonderer Sorgfalt zu ermahnen. (Weitere Informationen finden Sie in den nachfolgenden Kapitel zu den unterschiedlichen Auswertungs- und Berechnungsverfahren.)

Die gebräuchlichsten Auswertungsverfahren sind:

- Zeichnung und Berechnung auf neutralem Papier, auch Trueplot genannt
- Zeichnung und Berechnung auf einer sogenannten Koppelspinne
- Zeichnung unmittelbar auf einer Plottscheibe – auch Plottaufsatz genannt – direkt auf dem Radarbildschirm
- Auswertung mit Hilfe digitaler Datenverarbeitung nach den ARPA-Richtlinien der IMO.

Vektoren – absolute und relative Bewegungen

Der Begriff Vektor stammt aus der Mathematik und zwar aus der sogenannten Vektorrechnung und ist die geometrische Möglichkeit der Darstellung einer gerichteten Größe, z.B. einer Kraft. Die Darstellung erfolgt in der Form eines Pfeils im zwei- oder dreidimensionalen Raum, wobei die Richtung der Kraft durch die Ausrichtung des Pfeils mit der Pfeilspitze im Raum angegeben und die Größe der Kraft durch die Länge des Pfeils dargestellt wird. Der Angriffspunkt der Kraft, auch als Ursprung bezeichnet, ist der Anfangspunkt des Pfeils.

Nach diesen Maßgaben der Mathematik kann man Geschwindigkeiten auf der Erdoberfläche (also zweidimensionaler Raum) auf einem Blatt Papier in der Form von Pfeilen darstellen und entsprechend den Rechenregeln der Mathematik als Kräfte addieren oder aber auch subtrahieren.

Beispiel einer Vektor-Addition:
Eigene Geschwindigkeit plus Strom nach Richtung und Stärke ergeben als Resultierende die Fahrt über Grund.

Die Bezeichnung der Vektoren erfolgt in der internationalen Schifffahrt im Allgemeinen nach den engl. Vorschriften des »Department of Trade« bzw. der amerikanischen Marine. Seit einiger Zeit jedoch gibt es für die Nomenklatur auch eine deutsche Industrie-Norm (DIN 13312), nach der die Ausbildung und Prüfung für die deutschen Segel- und Sportbootführerscheine erfolgt. Daher werden an dieser Stelle vorrangig die DIN-Bezeichnungen verwendet, soweit sie vorhanden sind. Dort wo es keine DIN-Bezeichnungen gibt, werden zum besseren Verständnis die im englischsprachigen Bereich üblichen Punkt-, Winkel- oder Seitenbezeichnungen angewendet. Eine Liste aller Bezeichnungen und Abkürzungen befindet sich im Anhang.

Zum Verständnis der folgenden Darstellungen und Berechnungen bedarf es zunächst einmal einiger Definitionen:

- **Absolute Bewegung** ist die Bewegung, die von einem ruhenden Punkt aus (z.B. einem Schiff von Land aus) betrachtet wird = wahre Bewegung.

- **Relative Bewegung** ist die Bewegung, die von einem sich selbst bewegenden Punkt aus beobachtet wird (z.B. von einem Schiff in Fahrt) = scheinbare Bewegung.

Die relative Bewegung ist das Resultat aus den absoluten Bewegungen zweier Fahrzeuge (z.B. des eigenen und eines anderen Schiffes). Die Bewegung eines Echos auf dem Radarbildschirm eines Schiffes ist also eine relative Bewegung, bestehend aus den Komponenten des eigenen und denen des zweiten Schiffes. Daher werden diese Darstellungsarten im Gegensatz zu »True Motion« auch als Relativdarstellung bezeichnet. Bei der True-Motion-Darstellung dagegen handelt es sich um eine Absolut-Darstellung, da die Eigenschiffswerte herausgerechnet wurden.

Merke

Ohne Aufzeichnung/Auswertung dürfen von der relativen Bewegung keine Rückschlüsse auf die absolute Bewegung gezogen werden, da wegen der Überlagerung der Bewegungen beider Schiffe ein falscher Eindruck über die tatsächliche Lage entsteht.
Derartige irrtümliche/falsche Schlüsse waren in der Vergangenheit die Ursache für viele »Radar-Kollisionen«.

Zur Einführung müssen weiterhin die folgenden Definitionen erwähnt werden:

- Das eigene Schiff und sein Vektor wird mit A bezeichnet.
- Alle weiteren Kontakte werden traditionell als Gegner mit B, C, etc. belegt.
- Für Relativwerte wird der Kleinbuchstabe »r« angehängt.
- Kursangaben beginnen mit »K«, Geschwindigkeitsangaben mit »v«, gefolgt von dem Großbuchstaben des dazugehörigen Fahrzeugs.

Weitere Bezeichnungen und Abkürzungen werden bei Bedarf in den dazugehörigen Kapiteln dargestellt. Eine Zusammenstellung aller Plottsymbole, Abkürzungen und Bezeichnungen findet sich im Anhang.

Auswertungsverfahren Trueplot

Hierbei handelt es sich im Prinzip um die zeichnerische Darstellung der eigenen Bewegung (Kurs und Fahrt) und der Ortungswerte der beobachteten Gegner auf neutralem Papier. In der Marine nannte man so etwas früher Kreuzer-Aufgaben und führte die Rechnung nach den Regeln der Geometrie aus. Heutzutage heißt dieses Verfahren »Trueplot«. Für das Trueplot geht man folgendermaßen vor:
Die Richtung senkrecht nach oben wird als Nordrichtung festgelegt. Der Zeichenmaßstab ist dem Auswerter freigestellt.
Man legt einen geeigneten Ausgangspunkt für die eigene Position fest und trägt dann mit Kursdreieck und Zirkel winkel- und maßstabsgerecht die erste Gegnerortung ein. Dann koppelt man das eigene Fahrzeug mit der im Plottintervall zurückgelegten Distanz weiter. Zum Zeitpunkt der jeweiligen Gegnerortungen zeichnet man von der eigenen Position ausgehend nach Peilung und Abstand die Gegnerortungen ein. Durch Verbinden der so gefundenen Gegnerpositionen erhält man den Kurs und die Fahrt des Gegners.

Ermittlung von Gegnerkurs und -fahrt

Beispiel: Der Radarbeobachter auf Fahrzeug A meldet die folgenden Ortungen:
Radarkontakt:
B um 11.18 Uhr in 045–10,0 sm

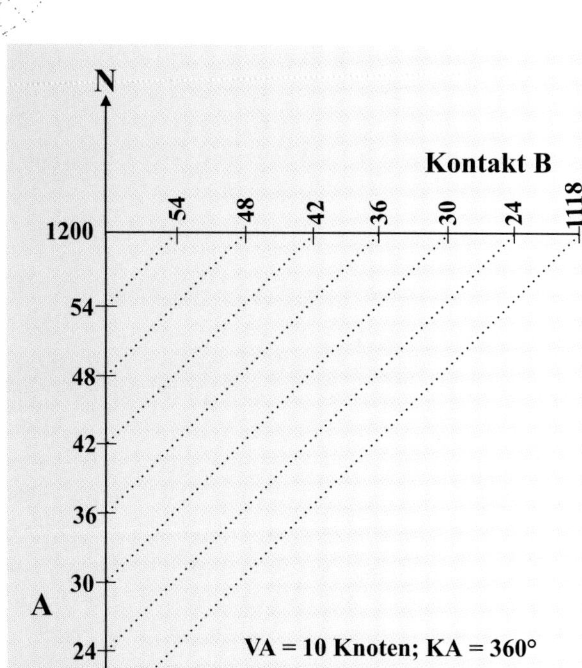

Abb. 28: Trueplot für das eigene Fahrzeug und einen Gegner.

um 11.24 Uhr B in 045–8,5 sm
um 11.30 Uhr B in 045–7,1 sm
um 11.36 Uhr B in 045–5,7 sm
um 11.42 Uhr B in 045–4,3 sm
um 11.48 Uhr B in 045–2,9 sm
um 11.54 Uhr B in 045–1,5 sm
um 12.00 Uhr B in 045–Kollision

Offensichtlich handelte es sich hierbei um eine stehende Peilung, d. h. ein Fahrzeug, das mit dem beobachtenden Fahrzeug A auf Kollisionskurs lag.
Das beobachtende Fahrzeug lief 360° – 10 Knoten.
Frage: Gegnerkurs und -fahrt?

Lösungsmethode:
Plotten auf einem neutralen Stück Papier oder auf einer Seekarte.
Im Endeffekt erhält man eine Grafik wie in Abbildung 28 gezeigt.

Das war die prinzipielle Darstellung des Trueplot-Verfahrens. Nun ein konkretes Beispiel (siehe Abb. 29):

Eigenes Fahrzeug A steuert 260°, Fahrt 10 Knoten.
Auf dem Fahrzeug A wird mit Radar geortet:
Fahrzeug B um 18.00 Uhr in SP 046°, 6,4 sm
um 18.06 Uhr in SP 046°, 4,7 sm
Fahrzeug C um 18.00 Uhr in SP 350°, 4,0 sm
um 18.06 Uhr in SP 350°, 4,0 sm

Die folgenden Fragen sind zu beantworten:

- Wie ist die Situation zu beurteilen?
- Besteht die Gefahr einer Kollision?
- Wird sich eine Nahbereichslage entwickeln?
- Wie sind Kurs und Fahrt der Fahrzeuge B und C?

Beurteilung der Situation:

Es sind zwei stehende Peilungen. Fahrzeug C ist ein Mitläufer auf gleichem Kurs und mit gleicher Geschwindigkeit. Von diesem Fahrzeug geht keine Gefahr für das (eigene) Fahrzeug A aus.
Fahrzeug B ist eine »stehende Peilung« mit abnehmender Distanz; es besteht also Kollisionsgefahr. Aus dem Trueplot sind sehr leicht Kurs und Fahrt zu ermitteln. Fahrzeug B läuft 174° mit 10 Knoten Fahrt. Wir sind ausweichpflichtig.

Die Entscheidungen zum Ausweichmanöver könnten wie folgt sein: Da uns eine Backbord-Kursänderung nicht vom Gegner wegführen würde, beschließt der Skipper, eine so deutliche Steuerbord-Kursänderung durchzuführen, dass sie optisch und auf dem Radar des Fahrzeugs B als Echoknick (Maß der Änderung der Relativbewegung) deutlich erkennbar wird. Da es sich beim eigenen Fahrzeug um eine Motoryacht handelt und wir davon ausgehen müssen, dass Fahrzeug B als Vorfahrtberechtigter seinen Kurs beibehält, lassen wir das Fahrzeug B auf 3 sm herankommen und drehen dann um ca. 30° über die stehende Peilung hinaus nach Steuerbord (260° + 046° +30°), also auf 335°. Damit zeigen wir dem Gegner zweifelsfrei unsere Ausweichabsicht. Bei weiterer Annäherung kann dann langsam wieder nach Bb., auf das Heck des Fahrzeugs B angedreht werden, bis wir wieder auf unserem alten Kurs 260° sind. So etwa wäre das vereinfachte optische Verfahren bei guter Sicht. Bei schlechter Sicht verbietet sich natürlich ein vorzeitiges Andrehen auf das Heck des Fahrzeugs B. In diesem Falle wäre der Kurs 335° durchzuhalten, bis wir ohne Gefahr auf den alten Kurs 260° zurückgehen können.

Abb. 29: Trueplot mit mehreren Fahrzeugen.

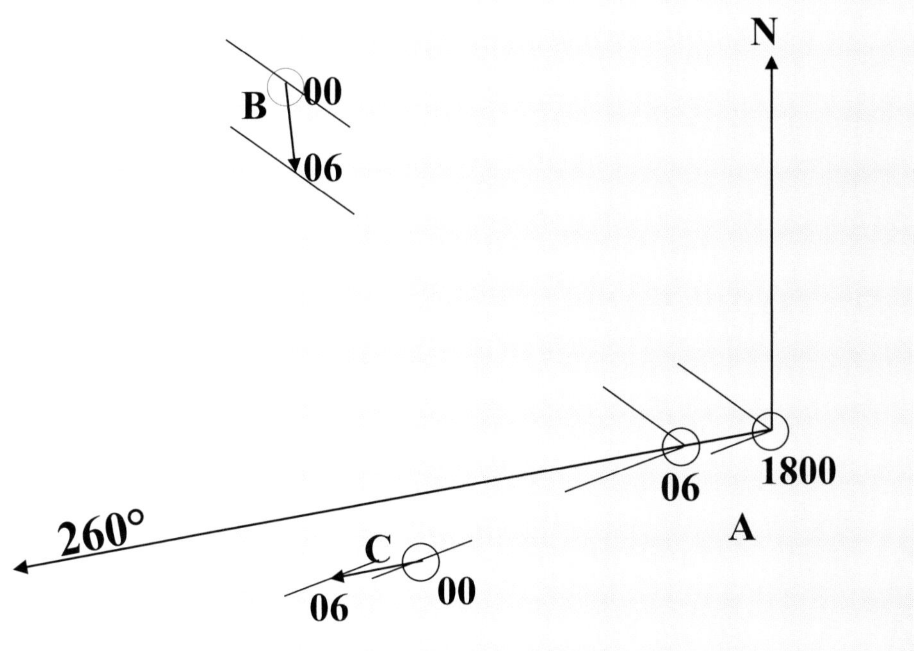

Die Vorteile des Trueplot-Verfahrens waren in dieser Situation sehr deutlich. Man konnte sehr leicht ohne großen Zeichenaufwand die Kurs- und Fahrtwerte der geplotteten Fahrzeuge erhalten und somit auch sehr schnell eine Aussage über die Vorfahrtverhältnisse und ein Ausweichmanöver machen.

Ermittlung von Passierabstand und Ausweichkursen

Die Nachteile des Trueplots werden jedoch sofort erkennbar, wenn es darum geht, bei schlechter Sicht die Entwicklung einer Nahbereichslage zu beurteilen bzw. zu vermeiden und die dafür notwendigen Relativwerte sowie den Punkt der nächsten Annäherung (engl. »Closest Point of Approach«, kurz CPA) und die Zeit der nächsten Annäherung (engl. »Time of Closest Point of Approach, TCPA) zu ermitteln.

Wie das folgende Beispiel verdeutlicht, ist dieses beim Trueplot nur mit großem Zeichenaufwand möglich.

Ermittlung des CPA und eines Ausweichkurses nach der Methode Trueplot:

Eigenes Fahrzeug: 010°–10 Knoten.
Radarortungen:
B1 um 14.30 Uhr in 049° – 5,7 sm
C1 um 14.30 Uhr in 310° – 3,0 sm
B2 um 14.36 Uhr in 051° – 4,6 sm
C2 um 14.36 Uhr in 298° – 2,2 sm
B3 um 14.42 Uhr in 053° – 3,6 sm
C3 um 14.42 Uhr in 276° – 1,6 sm

Fragen: Was ist der CPA und ggf. ein geeigneter Ausweichkurs?

Der Skipper hat angeordnet, dass eventuelle Ausweichkurse so gewählt werden, dass die anderen Fahrzeuge achterlich in einem Mindestabstand von 1,5 sm passiert werden.

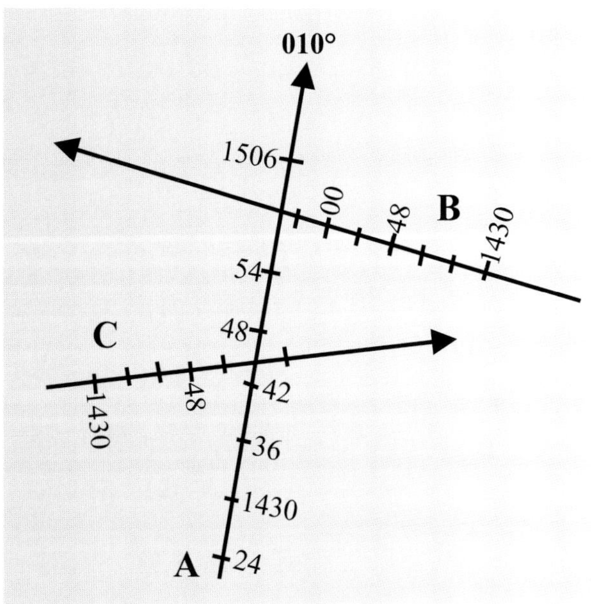

Abb. 30: Trueplot mit CPA-Ermittlung mit Hilfe einer Extrapolation.

Für die Ermittlung des CPA gibt es zwei Methoden:
1.) Die absolute Bewegung der Echos als auch die eigene Bewegung werden voraus geplottet. Aus dem Vergleich der entsprechenden Ortspunkte des Gegners mit den vergleichbaren vorausgekoppelten Markierungen der Eigenschiffswerte lässt sich dann der Passierabstand oder CPA ersehen (siehe Abb. 30).
Bereits aus den Peilungswerten erkennt man eindeutig, dass keine der beiden Peilungen »steht«, also im Prinzip keine Kollisionsgefahr vorhanden ist, dass aber mit Fahrzeug B eine Nahbereichslage entsteht. Gegner B sackt an Steuerbord langsam achteraus, während Gegner C dies an Backbord tut. Wie auch im vorhergehenden Beispiel lassen sich Gegnerkurs und -fahrt relativ leicht ermitteln. B läuft 286° – 6 Knoten und C läuft 084° – 5 Knoten.
Hinsichtlich der Entwicklung einer Nahbereichslage lässt sich sagen, dass die vom Kapitän angeordnete Mindestdistanz von 1,5 sm mit dem Fahrzeug C kaum unterschritten werden wird, wir dem Fahrzeug B jedoch erheblich näher kommen würden. Hier besteht also Handlungsbedarf gegenüber dem Fahrzeug B, wobei jedoch auf das Fahrzeug C Rücksicht zu nehmen ist.
Soweit war die Arbeit mit dem Trueplot relativ einfach. Für die Ermittlung des CPA gegenüber beiden Gegnern wäre es jetzt am Besten, ein detaillierteres Plot der Begegnungssituation zu zeichnen (Extrapolation), wobei man die minütlichen Bewegungen der jeweiligen Fahrzeuge miteinander verbinden könnte, um die CPA-Entwicklung deutlicher erkennen zu können. Wie man schon jetzt erkennt, wäre das recht mühsam und aufwendig, was der Dringlichkeit der Situation absolut entgegen steht und für eine Situation mit schlechten Sichtverhältnissen völlig unbefriedigend ist. Außerdem trägt die genaue Kenntnis der CPA-Entfernung nicht zur Klärung der Situation bei.

Das mag zur Darstellung der Methode der Extrapolation und ihres Aufwands genügen. Auf die weitere Berechnung wird verzichtet, da es für die CPA-Ermittlung geeignetere Methoden gibt.
2.) Die zweite Trueplot-Methode zur Ermittlung des CPA ist die Konstruktion des sogenannten Wegedreiecks. Hierbei werden aus den Absolutwerten des Trueplot zunächst die Relativwerte für Kurs und Fahrt der Ziele ermittelt.
Das heißt, zu einem bestimmten Zeitpunkt (im Beispiel: um 14.30 Uhr) wird auf der Kurslinie von Fahrzeug B eine Teilkomponente (im Beispiel: für 18 Minuten) des Absolutwertes von B abgetragen. An diesen Vektor von B wird dann eine zeitgleiche Teilkomponente (im Beispiel: für 18 Minuten) des absoluten Eigenschiffsvektors von A angetragen. Die Verbindungslinie zwischen den Spitzen dieser beiden Absolutvektoren ergibt dann die Relativbewegung Br des Gegners B für den gewählten Zeitraum (im Beispiel: für 18 Minuten). Diese Relativwerte (Kurs und Fahrt sind ja relativ) werden an einem Ortungspunkt des Fahrzeugs B angetragen. Der gewählte Ortungszeitpunkt ist der Referenzwert für das Fahrzeug B und gleichzeitig für das eigene Fahrzeug. Im Beispiel wurde 14.30 Uhr als Referenzwert gewählt.
Als Nächstes wird die Relativbewegung Br des Fahrzeugs B in Richtung der Eigenschiffsposition zum Referenzzeitpunkt (14.30 Uhr) verlängert. Der Vergleich dieser Relativbewegung mit der Eigenschiffsposition zum Vergleichszeitpunkt ergibt dann Zeit, Richtung und Abstand des CPA. Mathematisch ausgedrückt hieße es, die Mittelsenkrechte vom Vergleichszeitpunkt 14.30 Uhr auf die Relativbewegung Br ergibt den CPA.
Ergebnis: CPA in 135° – 0,7 sm.

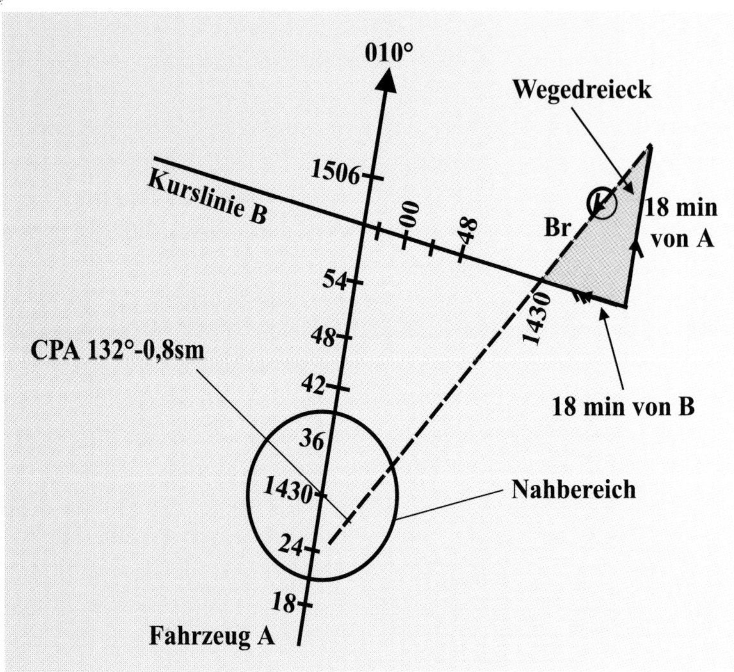

Abb. 31: Trueplot mit CPA-Ermittlung mit Hilfe eines Wegedreiecks.

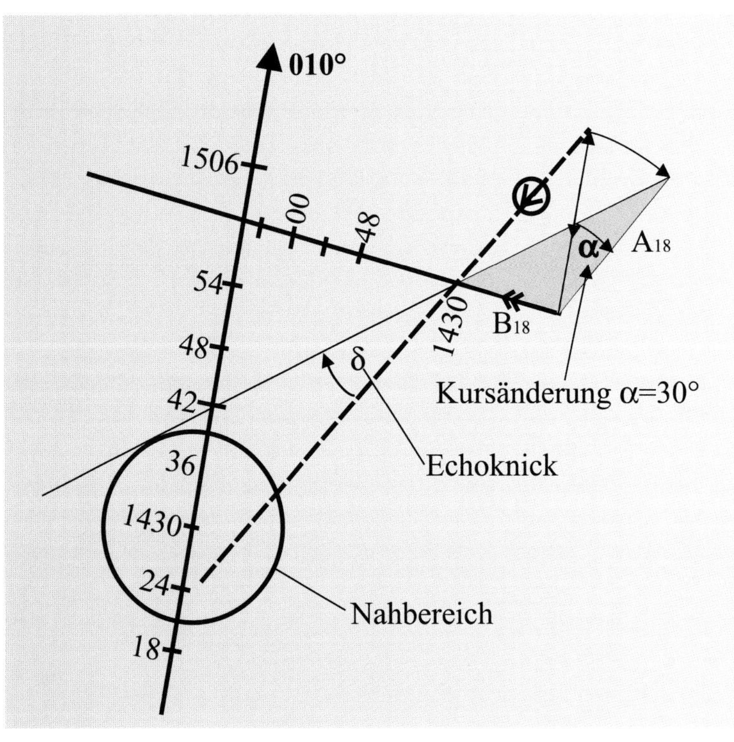

Abb. 32: Trueplot für die Errechnung eines Ausweichmanövers mit Hilfe eines Vorhersagedreiecks.

Wenn nun wie im obigen Beispiel der CPA innerhalb des Nahbereiches liegt und diese Nahbereichslage vermieden werden soll, so muss ein geeignetes Ausweichmanöver entwickelt werden.
Als Ausgangslage können wir hierfür wieder die letzte Abbildung mit dem CPA (siehe Abb. 31) verwenden. Zunächst wird der Nahbereich als Kreis um die eigene Position zum Zeitpunkt 14.30 Uhr eingezeichnet. Die Relativbewegung des Zieles soll nicht in diesen Bereich eindringen. Das heißt, die Relativbewegung Br des Fahrzeugs B soll vom Zeitpunkt 14.30 Uhr ab so verlaufen, dass wir das andere Fahrzeug achterlich in einem Abstand von 1,5 sm passieren.
Zu diesem Zweck zeichnen wir als neue Relativbewegung für B von der Position um 14.30 Uhr eine Tangente an den Nahbereichskreis. Auf dieser neuen Relativbewegung soll sich nach unserem Ausweichmanöver das Radarecho von Fahrzeug B bewegen.
Zur Ermittlung unseres Ausweichkurses wird die Gerade nach rechts über das alte Wegedreieck hinaus verlängert. Wir benutzen für das Vorhersagedreieck der Einfachheit halber wieder den 18-Minuten-Absolutwert von B als Basisstrecke. Nun nehmen wir unsere Eigenfahrt-Distanz für 18 Minuten in den Zirkel und ziehen damit vom Anfangspunkt des B-Vektors einen Kreisbogen über die neue Relativbewegung von B. Das ergibt den Endpunkt des neuen 18-Minuten-Eigenschiffsvektors. Damit ist das Vorhersagedreieck gefunden.
Ergebnis: Neuer Ausweichkurs ist 040° bei gleicher Fahrt.

Zusammenfassende Bewertung des Trueplot

Die Absolutwerte aller Fahrzeuge, ihre Lage zueinander und die Vorfahrtverhältnisse sind sehr leicht erkennbar.
Der Zeichenaufwand zur Ermittlung der Annäherungswerte für CPA und TCPA ist groß, zumal wenn es sich um mehrere Ziele handelt. Außerdem setzt das Arbeiten mit dieser Methode viel Erfahrung und sehr große Sorgfalt voraus.
Die Platzverhältnisse auf Sportbooten setzen dieser Methode oftmals eine Grenze. Wenn dann noch zur Vermeidung des Nahbereichs für ein Ausweichmanöver die geeignetsten Kurs- und Fahrtwerte errechnet werden sollen und darüber hinaus die Auswirkungen auf die anderen Fahrzeuge zu berücksichtigen sind, dann geben bei dieser Methode sicherlich manche Radarbeobachter wegen Überforderung auf.
Die meisten überzeugten Verfechter der Trueplot-Methode haben sich im Endeffekt doch für das Relativplott mit der Koppelspinne entschieden. So sind zumindest die Erfahrungen des Verfassers.
Dennoch muss festgehalten werden, dass sämtliche Aufgaben auch mit dem Verfahren Trueplot lösbar sind. Es darf aber schon an dieser Stelle gesagt werden, dass die Vorteile des Trueplot die Nachteile der Relativmethode auf der Koppelspinne sind und umgekehrt. Mehr dazu im nächsten Kapitel.

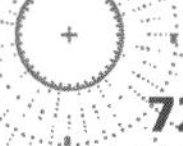

Relativ-Plottverfahren auf der Koppelspinne

Allgemeines

Die Alliierten hatten im Zweiten Weltkrieg das Radar erfunden. Sie waren mit dem kreisrunden Radarbild (man nannte es Panorama-Radar) mit den konzentrischen Abstandsringen konfrontiert und entwickelten daraus die Koppelspinne und das Plotten darauf.
Dieses Relativ-Plottverfahren war vor der Einführung von ARPA das in der Seefahrt allgemein anerkannte und praktizierte Verfahren. Für Schiffe und Sportboote ohne ARPA ist dieses Verfahren immer noch das gebräuchlichste Verfahren.

Die Koppelspinne

Die Koppelspinne ist ein wichtiges Hilfsmittel zur Lösung von Plott-Aufgaben im Relativverfahren. Sie dient zur zeichnerischen Darstellung von Zielen nach Peilung und Abstand, der zeichnerischen Darstellung von Kurs und Geschwindigkeit in Absolut- und Relativwerten sowie der geometrischen Lösung vektorieller Additionen und Subtraktionen.
Sie ist ein Polar-Koordinatensystem mit zehn bis zwölf konzentrischen Ringen für Distanzen und Geschwindigkeiten und radialen Strahlen für Peilungen und Kurse.
Der Mittelpunkt der Koppelspinne stellt wie auf dem Radarbild stets das eigene Fahrzeug A dar und bleibt immer ortsfest.
Der Abstand der Ringe gilt im Normalfall als eine Seemeile, er kann jedoch auch als 1000 Yards oder 100 Meter verwendet werden.
In Abhängigkeit von der gestellten Aufgabe werden bei größeren Geschwindigkeiten und Distanzen die vorgedruckten Zeichenmaßstäbe 1:2, 1:3, 1:4 und 1:5 auf der rechten Seite verwendet. Wichtig ist, dass das Relativplott und das Vektorendreieck so groß wie möglich sind, denn je größer die Zeichnung ist, umso einfacher und genauer ist die Lösung. Da bei unseren Yachtradars Ortungsentfernungen von mehr als 12 sm selten sind, dürften für uns eher Koppelspinnen mit zehn oder weniger Entfernungsringen interessant sein. Dazu offeriert die heutige Rechnertechnologie vorzügliche Möglichkeiten.

Merke

Es gibt zwei Möglichkeiten mit der Koppelspinne zu arbeiten, die man nicht miteinander verwechseln darf:

- Entweder man arbeitet in einem vorausorientierten Relativplott, d.h. alle eingezeichneten Werte sind Relativwerte bezogen auf Schiffsvoraus. Der Vorausstrich wird nach oben als Nullwert eingetragen. Alle Kurse beziehen sich auf den Kurs des eigenen Schiffes und alle Peilungen sind Seitenpeilungen.
- Oder man arbeitet im nordstabilisierten Relativplott, d.h. der Vorausstrich wird in Richtung des rechtweisenden Kurses des Schiffes eingetragen, und alle Kurse und Peilungen beziehen sich auf rechtweisend Nord.

Die Frage, ob man im vorausorientierten oder im nordstabilisierten Relativplott arbeitet, entsteht eigentlich nur dort, wo kein Kursgeber an das Radar angeschlossen ist und somit am Radar nur Radarseitenpeilungen ablesbar sind. In diesem Falle kann man vor Beginn der Zeichenarbeit alle Werte auf rechtweisende Werte umrechnen und dann im nordstabilisierten Relativplott rechnen, oder man rechnet zunächst nur mit Seitenpeilungen und rechnet dann soweit erforderlich (z.B. den eigenen Ausweichkurs) zum Schluss auf rechtweisende Werte um.

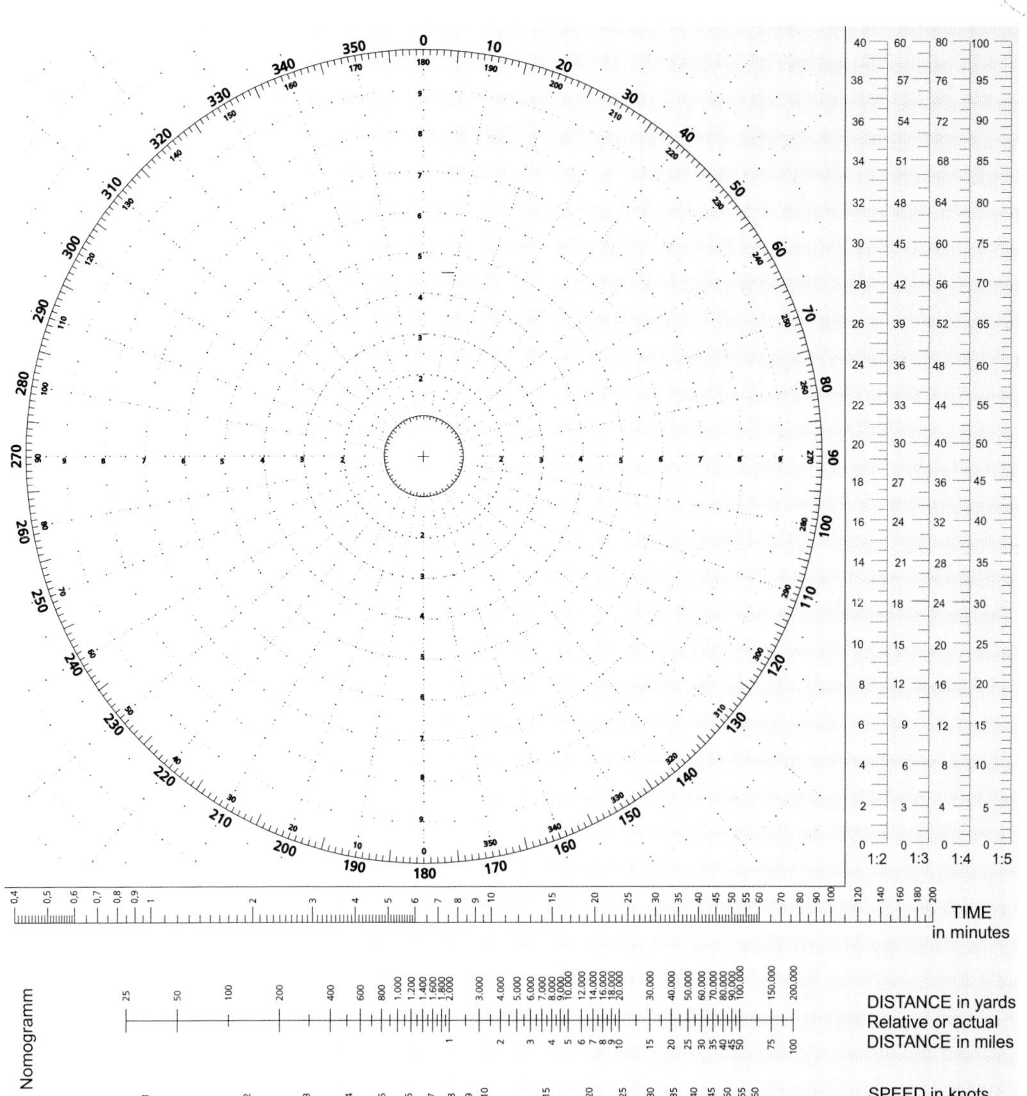

Abb. 33: Koppelspinne mit Nomogramm und den Zeichenmaßstäben.

Hat man ein Radargerät mit angeschlossenem Kursgeber, so wäre es im Allgemeinen unzweckmäßig, im vorausorientierten Relativplott zu zeichnen.

Die Rechenergebnisse sind in beiden Fällen selbstverständlich gleich.

Das Nomogramm

Ein wichtiger Bestandteil der Koppelspinne ist das logarithmische Nomogramm mit den drei logarithmischen Skalen für:

- Zeit in Minuten (time in minutes)
- Entfernung in Seemeilen (distance in miles)
- Fahrt in Knoten (speed in knots)

Diese drei Skalen stellen eine Art Fahrttabelle dar, mit der man auf zwei verschiedene Arten arbeiten kann (siehe Abb. 34):

a) Zwei gegebene Werte werden durch eine gerade Linie miteinander verbunden. Die Linie schneidet dann auf der dritten Skala den gesuchten Wert.

b) Verwendung der Skala »time in minutes« mit Hilfe des Stechzirkels nach dem Prinzip des Rechenschiebers. Hierbei sind praktisch zwei Werte gegeben, der dritte ergibt sich dann.

Beispiel 1:

Ein Kontakt läuft 3 sm in 10 Minuten.

Wie viele sm läuft er in 60 Minuten?

Lösung: Verbinden Sie 10 Min. auf der oberen Skala mit 3 sm auf der mittleren Skala, dann gibt die verlängerte Verbindung auf der unteren Skala die Lösung: 18 kn.

Eleganter ist Methode b), also die oberste Skala als Rechenschieber zu nutzen (siehe ebenfalls Abb. 34).

Beispiel 2:

Ein Kontakt läuft 3 sm in 10 Minuten.

Wie viele sm läuft er in 60 Minuten ?

Lösung: Sie setzen einen Schenkel des Zirkels als Distanzschenkel (sm) auf 3 sm und den anderen Schenkel als Zeitschenkel (min) auf 10 Min. Bei gleich bleibender Spannweite ver-

■ *Abb. 34: Nomogramm mit Rechenbeispiel nach Methode a) und b).*

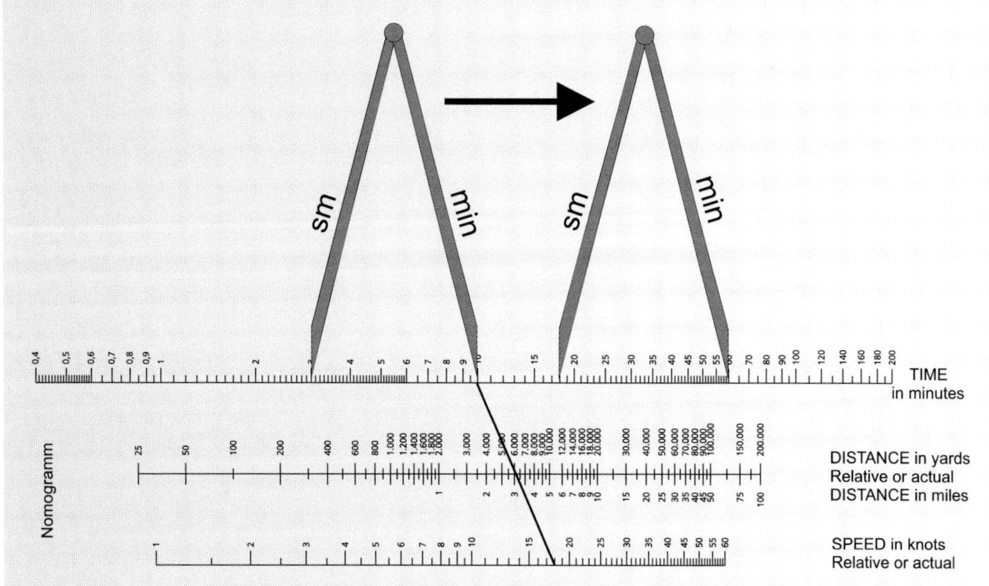

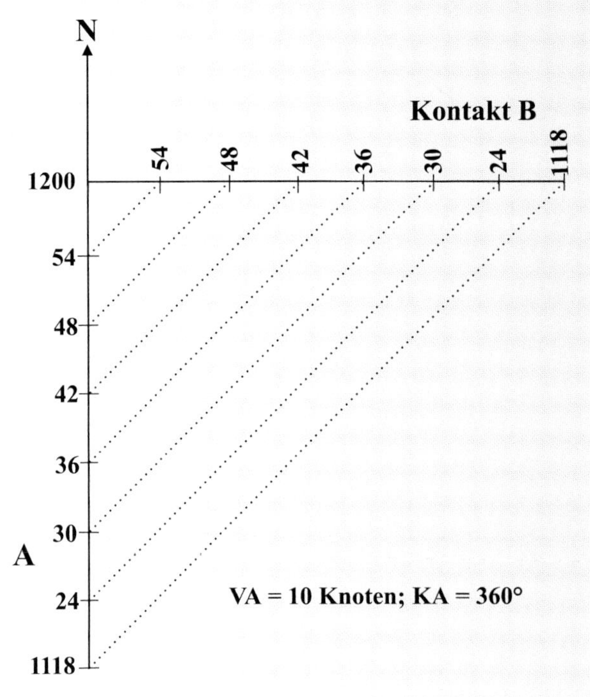

Abb. 35: Trueplot zu Beispiel 1.

schieben Sie den Zeitschenkel jetzt auf die 60-Min.-Markierung und lesen am Distanzschenkel dann den Stundenwert für die Fahrt ab: 18 Knoten Fahrt.

Dieses Prinzip funktioniert natürlich auch umgekehrt, wenn die Fahrt gegeben ist und die Distanz für eine bestimmte Zeit ermittelt werden soll. Vorgehensweise: Zeitschenkel auf 60 Min., Distanzschenkel auf die bekannte Fahrt stellen. Dann diese Spannweite beibehalten, und durch Verschieben kann für jeden Zeitwert die dazugehörige Distanz sofort abgelesen werden.

Kurs und Fahrt auf der Koppelspinne

Damit die Verfahren Trueplot und Koppelspinne besser vergleichbar sind, soll jetzt anhand des bereits bekannten Beispiels 1 aus dem Kapitel »Trueplot« die Ermittlung von Kurs, Fahrt und CPA auf der Koppelspinne erklärt werden. Dieses Beispiel sah wie folgt aus:

Der Radarbeobachter meldet die folgenden Ortungen:
Radarkontakt:
B um 11.18 Uhr in 045° – 10,0 sm
um 11.24 Uhr B in 045° – 8,5 sm
um 11.30 Uhr B in 045° – 7,1 sm
um 11.36 Uhr B in 045° – 5,7 sm
um 11.42 Uhr B in 045° – 4,3 sm
um 11.48 Uhr B in 045° – 2,9 sm
um 11.54 Uhr B in 045° – 1,5 sm
um 12.00 Uhr in 045° – Kollision

Für den mathematisch weniger erfahrenen Leser nun zunächst eine geometrisch verständliche Herleitung über das Trueplot zum Plottverfahren auf der Koppelspinne.

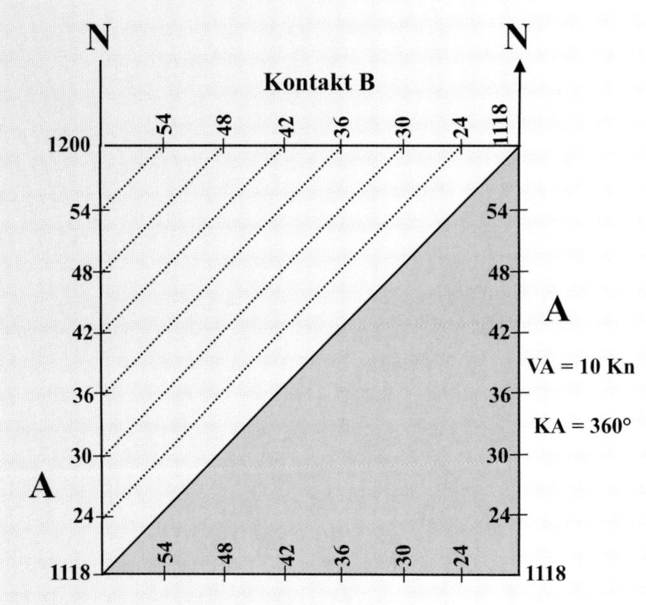

■ *Abb. 36: Durch Parallelverschiebung vom Trueplot zum Wegedreieck.*

Das Trueplot zum obigen Beispiel sah im letzten Kapitel wie in Abbildung 35 gezeigt aus: Wie aus der Navigation bekannt, kann man nun ohne gegen die Regeln der Geometrie zu verstoßen durch Parallelverschiebung der Vektoren A und B aus diesem Dreieck das folgende kongruente (deckungsgleiche) Dreieck machen:

Da man hier nun zwei kongruente Dreiecke hat, bevorzugen wir für unsere weitere Arbeit die rechte Hälfte.

Bereinigt von der überflüssigen Information sieht dieses Dreieck dann wie in Abbildung 37 gezeigt aus.

Es wurden zur Verdeutlichung der Bewegungsrichtungen die DIN-Pfeile ergänzt.

Damit hat man das bereits im Kapitel »Trueplot« erwähnte Wegedreieck zur Ermittlung der relativen Bewegung.

In unserem jetzigen Falle jedoch hatten wir auf Grund der Zielortungen (Peilung und Abstand) die relativen Gegnerwerte Br und unsere Eigenschiffswerte KA und vA. Die eigene Position wurde für den gleichen Zeitraum vorausgeplottet (nach der Trueplot-Methode). Aus den relativen Gegnerwerten und den vergleichbaren Eigenschiffswerten ergeben sich die absoluten Werte des Gegners. Wenn sich die Gesamtheit dieser Werte auf eine Stunde bezieht, so wird dieses Dreieck nach dem Plotverfahren mit der Koppelspinne auch als Stundendreieck bezeichnet.

Für Kundige der Vektorlehre ist das Dreieck in Abbildung 37 nichts anderes als der Relativvektor des Gegners, von dem der Eigenschiffsvektor geometrisch subtrahiert wird und somit den absoluten Gegnervektor (Kurs und Fahrt des Gegners) ergibt. Das ist im Grundprinzip das so genannte Relativplott. Wenn man jetzt zur Vereinfachung des gesamten Plottverfahrens das Vektorendreieck (das obige Wegedreieck bzw. das Stundendreieck) auf einer Koppelspinne konstruiert, so ergeben sich zusätzlich weitere Vorteile insbesondere bei der Konstruktion.

Als Beispiel soll wieder die obige Aufgabe dienen:

Eigenkurs und -fahrt: rw 360° – 10 Knoten.

Der Radarbeobachter meldet die folgenden Ortungen:
Radarkontakt
B1 um 11.00 Uhr in 045° – 14,3 sm
um 11.06 Uhr in 045° – 12,7 sm
um 11.12 Uhr in 045° – 11,3 sm
um 11.18 Uhr in 045° – 10,0 sm
Radarkontakt
B2 um 11.24 Uhr in 045° – 8,5 sm

Die Berechnung der Zielwerte soll geometrisch im nordstabilisierten Relativplott auf der Koppelspinne erfolgen (siehe Abb. 38).
Die Ortungen werden zweckmäßigerweise im Maßstab 1:2 in die Koppelspinne eingetragen, da sie den Wert von 10 sm überschreiten. Dabei ist es wichtig, diese Relativbewegung sofort mit dem korrekten, eingekreisten Richtungspfeil zu versehen, damit im Stundendreieck kein 180°-Fehler gemacht wird. Anfangs- und Endpunkt werden mit B1 und B2 bezeichnet.
Anschließend wird der Eigenschiffsvektor (360° – 10 Knoten) eingezeichnet und mit dem Großbuchstaben A versehen, sowie mittig mit einem einfachen Pfeil gekennzeichnet. Diese Eintragungen, sprich das Wege- oder Stundendreieck, können im Maßstab 1:1 gezeichnet werden. Der jeweils größte Maßstab liefert die genauesten Werte.
Als Nächstes wird die Relativbewegung des Gegners B rechnerisch oder mit Hilfe des Nomogramms auf eine Stunde umgerechnet. Das ergibt einen Relativwert von vBr = 14 Knoten.

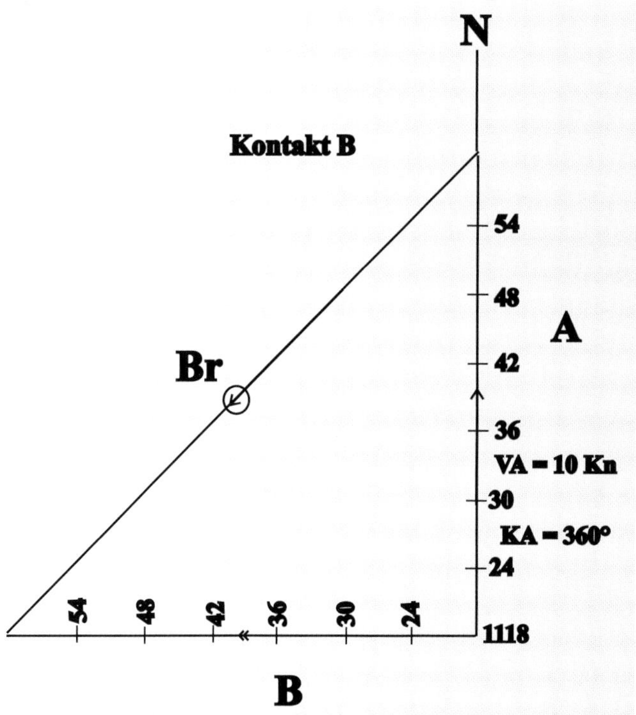

Abb. 37: Vom Wegedreieck zum Vektorendreieck.

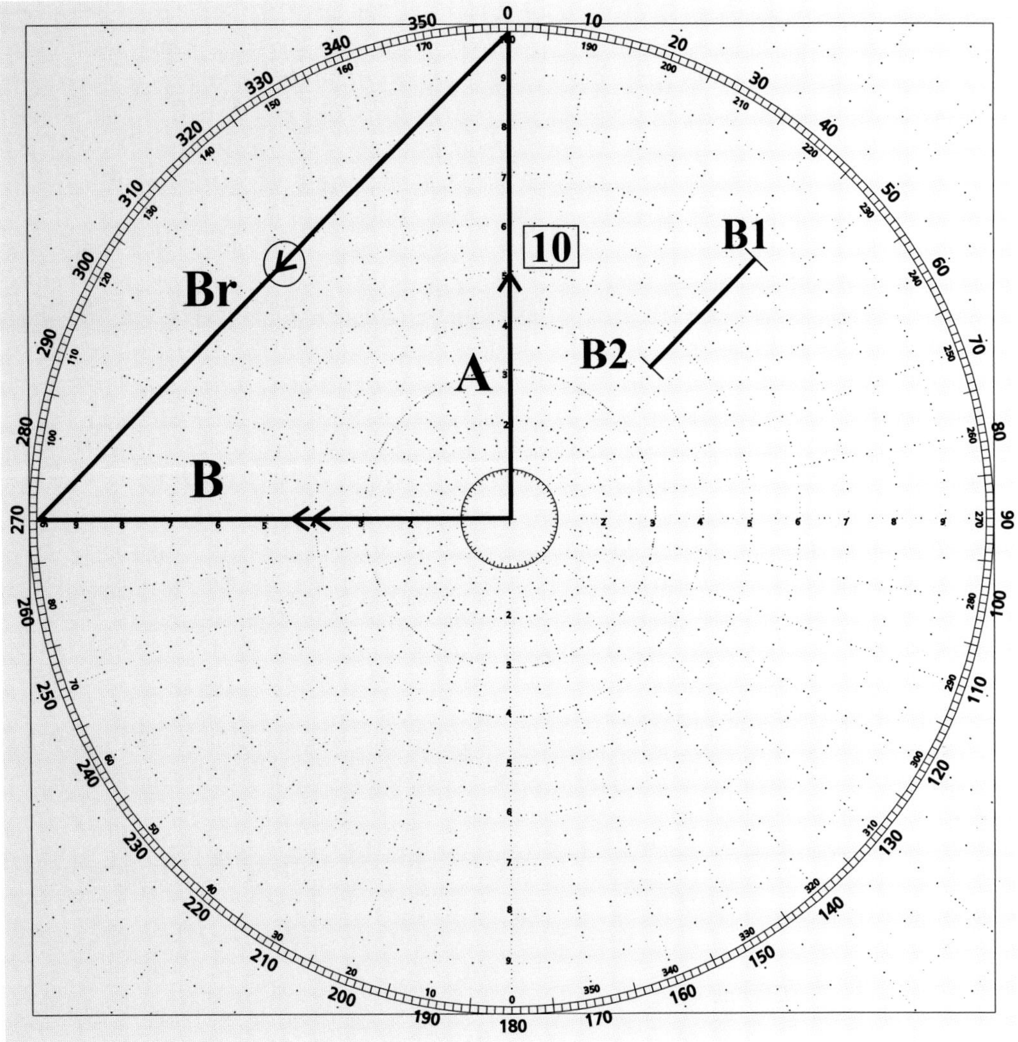

■ *Abb. 38: Relativ-nordstabilisiertes Wegedreieck; zeichnerische Lösung zu Beispiel 2.*

Nun kann die Relativbewegung von B (Betrag für eine Stunde) parallel verschoben an die Spitze des Eigenschiffsvektors in Pfeilrichtung (nach links) eingetragen werden. Als Kennzeichnung für die Bewegungsrichtung wird mittig ein eingekreister Pfeil verwendet; die Relativbewegung wird mit Br gekennzeichnet. Durch Verbinden des Endpunktes des Relativ-Vektors Br mit dem Kreismittelpunkt erhält man jetzt Kurs und Geschwindigkeit des Gegners B. Der so erhaltene Vektor wird mit dem Großbuchstaben B und einem Doppelpfeil in Kursrichtung gekennzeichnet.

Ergebnis: Der Gegner läuft KB = 270°, vB = 10 Knoten.

Beispiel 3: Ermittlung Kurs und Fahrt auf der Koppelspinne

Eigenes Fahrzeug: Kurs KA = rw 090°, vA = 10 kn
Der Radarbeobachter hat ein nordstabilisiertes Bild geschaltet und meldet die folgenden Ortungen:

Radarkontakt
B1 um 11.00 Uhr 050° – 9 sm
um 11.06 Uhr 050° – 8 sm
um 11.12 Uhr 050° – 7 sm
um 11.18 Uhr 050° – 6 sm
um 11.24 Uhr 050° – 5 sm
B2 um 11.30 Uhr 050° – 4 sm

Fragen:
Wie ist die Situation zu beurteilen?
Wie lauten Kurs und Fahrt des Gegners?

Zeichnerische Lösung (siehe Abb. 39):
Ganz allgemein lässt sich sagen, dass es sich hierbei um einen Kollisionskurs handelt, da die »Peilung steht« und der Abstand geringer wird. Es müssen jetzt Kurs und Fahrt des Gegners ermittelt werden, um die Vorfahrtverhältnisse zu klären und um ggf. ein Ausweichmanöver einzuleiten.
Man trägt die obigen Peilungen auf der Koppelspinne im Maßstab 1:1 nach Richtung und Entfernung als Punkte mit Uhrzeit (senkrecht zur Kurslinie) ein. Bezeichnung von Anfangs- und Endpunkt mit B1 und B2 sowie mittig einen eingekreisten Pfeil in Richtung B2.
Die Zeichnung, die wir erhalten ist die relative Bewegung des Gegners, sie verläuft in Richtung 230°. Die relative Distanz, die das Ziel in der Zeit von 11.00 Uhr bis 11.30 Uhr durchlaufen hat, beträgt 5 sm. Da das Ziel diese relative Distanz in 30 Minuten zurückgelegt hat, ist seine relative Geschwindigkeit: vBr = 10 Knoten.
Als Nächstes trägt man Eigenkurs KA und Eigenfahrt vA als Vektor im Maßstab 1:1 ein. Kennzeichnung mittig mit einem einfachen Pfeil in Kursrichtung.

Nun kann die Relativ-Bewegung des Gegners so parallel verschoben werden, dass der Anfangspunkt (B1) an der Spitze des Eigenschiffsvektors anliegt. Die Relativ-Bewegung von B wird nun auf Stundenmaß Br = 10 Knoten verlängert und mit dem eingekreisten Richtungspfeil gem. DIN 13312 versehen. Wenn man jetzt den Endpunkt der Gegner-Relative mit dem Mittelpunkt der Koppelspinne verbindet, so erhält man die absoluten Werte für den Kurs KB und die Fahrt vB des geplotteten Radarkontaktes. Der Gegnervektor sollte mittig mit einem Doppelpfeil in Kursrichtung versehen werden.
Ergebnis: Gegnerkurs KB = 160°, Gegnerfahrt vB = 6,8 Knoten.
Bei schlechter Sicht müsste jetzt ein Manöver zur Vermeidung des Nahbereichs geplant werden, bei guter Sicht wären wir vorfahrtberechtigt und müssten Kurs und Fahrt beibehalten. In jedem Falle ist weiterhin eine intensive Beobachtung der Lageentwicklung erforderlich.

Beispiel 4: Ermittlung Kurs und Fahrt auf der Koppelspinne
Eigenes Fahrzeug: rw Kurs KA = 190°, FdW vA = 6 kn.
Der Radarbeobachter hat die folgenden Ortungen gemeldet:

Fahrzeug
B: um 10.10 Uhr RaSP 009° – 6,0 sm
um 10.20 Uhr RaSP 009° – 4,1 sm
Es ist zu berücksichtigen, dass beim Ablesen der 2. Radarseitenpeilung (RaSP) der Kurs nicht genau gehalten wurde und mit rwK = 188° abgelesen wurde.

Unser Fahrzeug hat keinen Geber für den Kompasskurs an das Radar angeschlossen. Daher kann nur ein vorausorientiertes (unstabilisiertes) Radarbild geschaltet werden. Alle Peilungen des Radarbeobachters sind daher

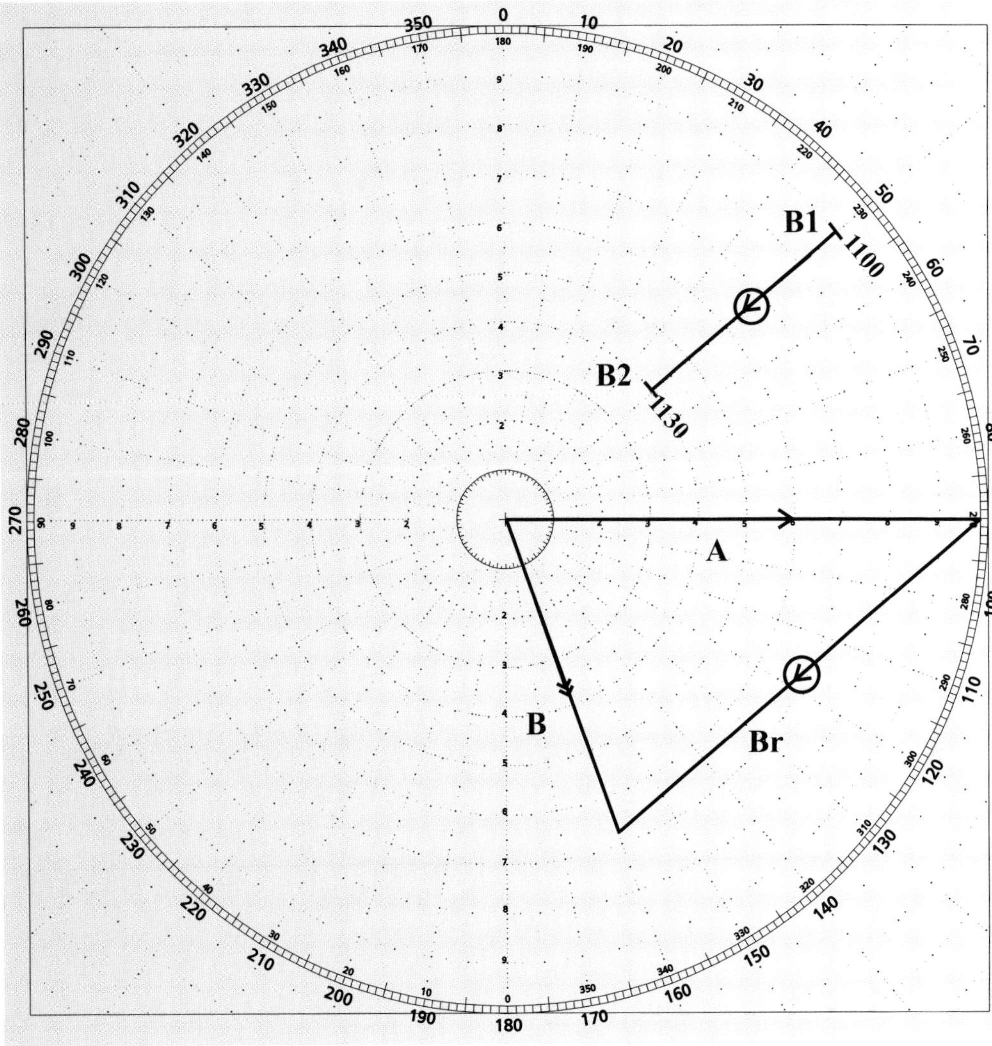

■ *Abb. 39: Relativ-nordstabilisiertes Wegedreieck; zeichnerische Lösung zu Beispiel 3.*

Radarseitenpeilungen (RaSP). Für die geometrische Berechnung der Zielwerte gibt es zwei Möglichkeiten. Entweder werden alle Radarpeilungen umgerechnet auf rechtweisende Peilungen, oder die gesamte Rechnung wird im vorausorientierten Relativplott durchgeführt, und die Gegnerwerte werden als letzter Rechenschritt auf rechtweisende Werte umgerechnet. Da der Navigator auf Grund der gegebenen technischen Situation an das vorausorientierte Radarbild gewöhnt ist, wird routinemäßig auf diesem Fahrzeug im vorausorientierten Relativplott gerechnet.

Zeichnerische Lösung (siehe Abb. 40):
Im vorausorientierten Relativplott wird der eigene Kurs grundsätzlich auf 000° abgetragen. Es wird also als Erstes in Nordrichtung

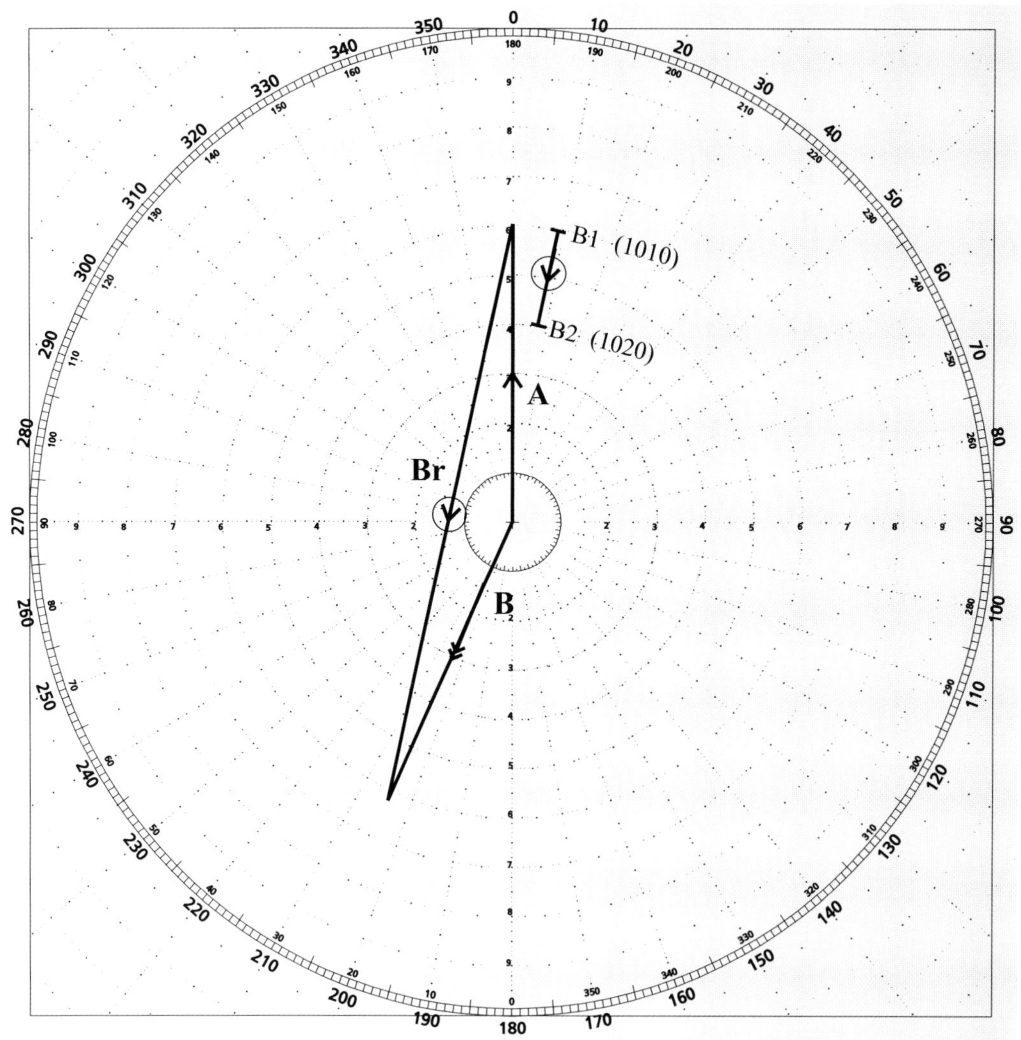

Abb. 40: Relativ-vorausorientiertes Wegedreieck; zeichnerische Lösung zu Beispiel 4.

unser Eigenschiffsvektor A im Maßstab 1:1 mit einer Länge von 6 Knoten eingezeichnet und mittig mit einem einfachen Pfeil gekennzeichnet.

Als Nächstes werden die Ortungen ebenfalls im Maßstab 1:1 eingezeichnet.

B1 in 009° – 6,0 sm und B2 in 007° – 4,1 sm und vorschriftsmäßig mit den Uhrzeiten und dem dazugehörigen eingekreisten Richtungspfeil bezeichnet. Bezüglich der Ortung B2 wurde bedacht, dass der Kurs zum Zeitpunkt der Ortung nicht 190° sondern nur 188° betrug, d.h. die Ortung B2 war, bezogen auf einen rw-Kurs von 190°, eine Seitenpeilung von nur 007°.

Die Relativbewegung von Fahrzeug B betrug in 10 Min. 1,9 sm, somit beträgt seine Relativbewegung pro Stunde vBr = 11,4 Knoten.

Jetzt kann die Relativbewegung B1-B2 von Fahrzeug B so parallel verschoben werden, dass B1 an der Spitze unseres Eigenschiffsvektors ansetzt.

Die Relativbewegung von B wird jetzt auf die Stundenlänge von 11,4 sm verlängert und mittig mit einem eingekreisten Pfeil versehen.

Der Endpunkt dieser soeben erhaltenen Relativen wird mit dem Mittelpunkt der Koppelspinne verbunden. Diese Mittelpunktsverbindung stellt nun im vorausorientierten Relativplott den Kurs Gegners KB(r) (Relativwert bezogen auf Eigenschiffskurs) und den wahren Fahrtwert des Gegners vB dar. Der Vektor ist mittig mit einem Doppelpfeil zu bezeichnen. Fahrtwert vB = 6,2 Knoten.

Relativer Kurs KBr = 205°. Dieser muss noch um den eigenen Kurs von 190° berichtigt werden, um den rechtweisenden Kurs KB zu erhalten. Daraus folgt: KB = 035°.

Anmerkung: Bei diesem Beispiel handelte es sich um eine offizielle Prüfungsaufgabe für den amtlichen Sportseeschifferschein.

Zur Terminologie muss gesagt werden, dass es im relativ-vorausorientierten Plott für den auf den Eigenschiffskurs bezogenen Gegnerkurs keine Abkürzung gibt. Daher wurde seitens des Verfassers die Bezeichnung KB(r) gewählt.

Beispiel 5: Ermittlung Kurs und Fahrt auf der Koppelspinne (s. Abb. 41)

Eigenes Fahrzeug: Kurs KA = rw 360°, Fahrt vA = 10 Knoten.

Der Radarbeobachter hat die folgenden Ortungen gemeldet:

Radarkontakt

B1 um 11.00 Uhr 050° – 9 sm
um 11.06 Uhr 050° – 8 sm
um 11.12 Uhr 050° – 7 sm
um 11.18 Uhr 050° – 6 sm
um 11.24 Uhr 050° – 5 sm
um 11.30 Uhr 050° – 4 sm

Fragen:

Wie ist die Situation zu beurteilen?
Wie lauten Gegnerkurs und Gegnerfahrt?

Beurteilung: Es ist zweifelsohne eine stehende Peilung im Stb.-Voraus-Sektor. Es handelt sich also um ein Fahrzeug mit Bug links, das damit vorfahrtberechtigt ist.

Konsequenz: Kurs und Fahrt ermitteln und ein Ausweichmanöver errechnen.

Zeichnerische Lösung:

Ortungen B1 bis B2 plotten im Maßstab 1:1.

Eigenschiffsvektor (Kurs und Fahrt) im Maßstab 1:1 eintragen.

Gegner-Relative B1–B2 parallel verschieben und als Stundenvektor an den Eigenschiffsvektor antragen.

Endpunkt der Gegner-Relative Br mit dem Mittelpunkt verbinden. Dieser Verbindungsvektor ist Gegnerkurs KB und Gegnerfahrt vB.

Lösung: Gegnerkurs 290°, Gegnerfahrt 8,5 Knoten.

Zusammenfassung (Relativplott)

Alle Bewegungen sind auf das eigene Schiff und den ortsfesten Bildmittelpunkt bezogen und insofern relativ.

Es gibt zwei Möglichkeiten der Arbeit mit dem Relativplott auf der Koppelspinne, die man nicht verwechseln darf:

- Man arbeitet in einem vorausorientierten Relativplott, d.h. alle eingezeichneten Werte sind Relativwerte bezogen auf das eigene Schiff. Der eigene Kurs wird nach oben als Nullwert eingezeichnet.
- Man arbeitet im nordstabilisierten Relativplott, d.h. der Nullwert auf der Koppelspinne entspricht rechtweisend Nord, und sämtliche Kurse (inklusive dem eigenen Kurs) und Peilungen werden als rechtweisende Werte eingetragen.

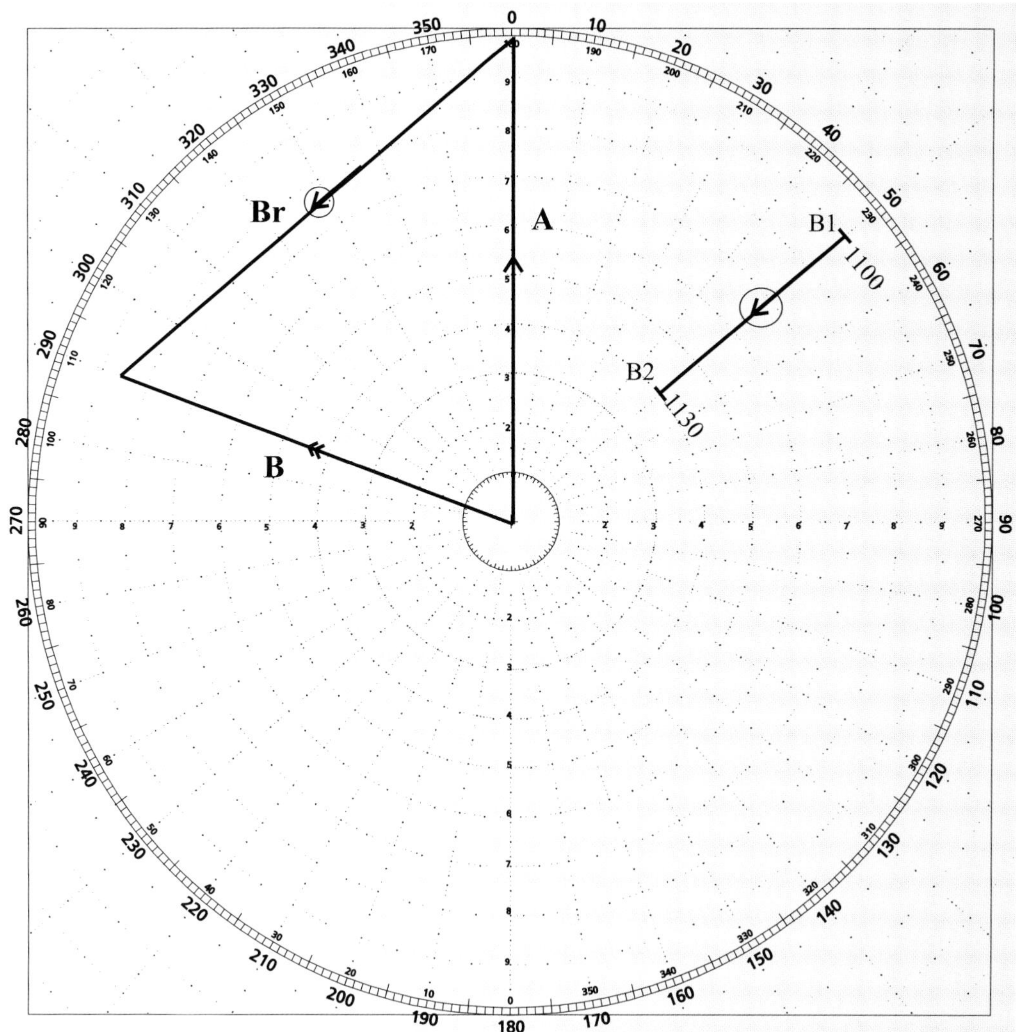

Abb. 41: Relativ-nordstabilisiertes Wegedreieck; zeichnerische Lösung zum Übungsbeispiel 5.

Vorzugsweise sollte im nordstabilisierten Relativplott gearbeitet werden, da die Kurswerte ohne Umrechnung übertragbar sind. Im Prinzip aber ist es gleichgültig. Die Rechenergebnisse sind in jedem Fall die gleichen.

Die zeichnerische Berechnung der Kurs- und Fahrtwerte erfolgt nach den Additions- und Subtraktionsregeln der Vektorrechnung.

Das Kurs-Geschwindigkeitsdreieck bezeichnet man daher auch als Vektorendreieck, Vektorendiagramm, Wegedreieck oder aber auch als Stundendreieck.

Das Prinzip aller Aufgaben

Der Eigenschiffsvektor A wird nach Richtung (Kurs KA) und Stärke (eigene Fahrt vA) vom Mittelpunkt ausgehend eingetragen.

Die beobachteten Gegnerpositionen B1 und B2 werden auf der Koppelspinne mit den dazugehörigen Uhrzeiten eingetragen, als Relativbewegung Br gekennzeichnet (eingekreister Pfeil) und in eine Stunde umgewandelt (Länge einer Stunde). Der so erhaltene Stundenvektor der Relativbewegung KBr wird parallel verschoben an den Eigenschiffsvektor angebracht.

Die Verbindung des Endpunktes der Relativbewegung mit dem Mittelpunkt der Koppelspinne ergibt dann den Vektor der Absolutbewegung KB des Gegners.

(Begriffe, Definitionen, Abkürzungen und weitere Erklärungen siehe Anhang.)

Die Vorteile des Relativplotts

Die Relativbewegung, der CPA und der TCPA lassen sich schnell ermitteln. Gefährliche Situationen sind leicht erkennbar.

Alle absoluten Vektoren gehen vom Mittelpunkt aus. Daher sind die dazugehörigen Kurs- und Fahrtwerte ohne großen Zeichenaufwand ablesbar.

Manöver zur Meidung des Nahbereichs und Ausweichkurse lassen sich schnell und ohne allzu großen Zeichenaufwand berechnen.

Der Echoknick (Maß für die Änderung der Relativbewegung) und die Relativbewegungen sind deutlich erkennbar und verhältnismäßig leicht und kontinuierlich mit dem Radarbild zu vergleichen.

Die Nachteile des Relativplotts

Die Absolutwerte müssen durch das Zeichnen des Wegedreiecks ermittelt werden.

Für eine Gesamtübersicht in dichtbefahrenen Gewässern muss zusätzlich ein Trueplot erstellt werden.

Um die Auswirkungen von Kursänderungen zu ermitteln, muss vom Stundendreieck zur »Lösung am Gegner« gewechselt werden.

CPA und TCPA auf der Koppelspinne

Gemäß den Regeln der KVR ist das Radar ein Ausguck-Hilfsmittel. Insbesondere bei schlechter Sicht ist gehörig Gebrauch davon zu machen und zu plotten. Der logische Ablauf einer Begegnungssituation ist wie folgt:

1. Feststellen, ob Kollisionsgefahr besteht.
2. Wenn ja, dann plotten.
3. Wenn nein, feststellen, ob sich eine Nahbereichslage entwickelt.
4. Ist diese Frage zu bejahen, muss geplottet und ggf. ein Ausweichmanöver ermittelt werden.

Nachdem die ersten Schritte des Plottens vorgestellt wurden und das Thema Kollisionsgefahr in Bezug auf die Kursermittlung und die Vorfahrtfrage behandelt wurden, soll nun auf die Entwicklung einer Nahbereichslage eingegangen werden. Dafür ist zunächst einmal die entfernungsmäßige Festlegung des Nahbereiches für das eigene Fahrzeug in Bezug auf die spezielle Begegnungssituation erforderlich.

Als nächster Schritt muss ermittelt werden, ob sich mit einem der Radarkontakte eine Nahbereichslage entwickeln wird. Zu diesem Zwecke müssen sämtliche Radarkontakte geplottet und sowohl der Punkt der nächsten Annäherung (»Closest Point of Approach«, CPA) als auch der dazugehörige Zeitpunkt der nächsten Annäherung (»Time of Closest Point of Approach«, TCPA) errechnet werden. Diese Bezeichnungen CPA und TCPA wurden in die deutsche Normung (DIN) übernommen und werden daher im Weiteren auch hier verwendet. Generell gesehen ist man nach mei-

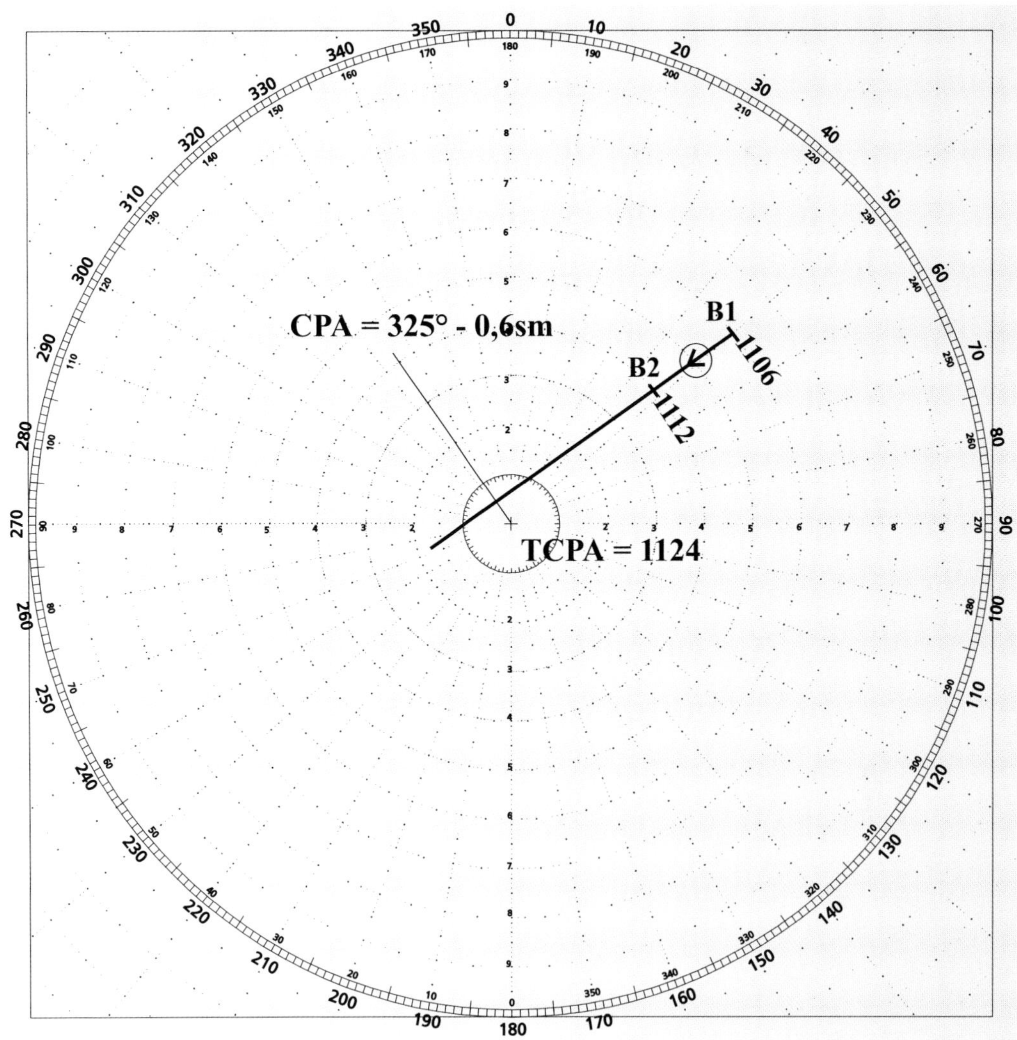

Abb. 42: Nordstabilisierter Relativplott zur Ermittlung von CPA und TCPA.

ner Erfahrung ohnehin gut beraten, wenn man im Radarwesen die englischen Ausdrücke beherrscht, denn sowohl auf diesem Gebiet der Technik als auch in der internationalen Schifffahrt (z.B. im Verkehr mit Revierzentralen) und der Luftfahrt (also auch im Bereich der Flugsicherung) wird in erster Linie die englische Sprache verwendet.

Beispiel:

Lage: Eigenes Fahrzeug: Kurs rw 350°; Fahrt 5 Knoten.
Radarkontakt
B1 um 11.06 Uhr in 050° – 6 sm
B2 um 11.12 Uhr in 047° – 4 sm

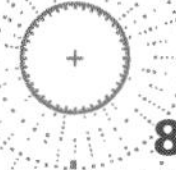

Fragen:

Wie lautet der CPA nach Peilung und Abstand?

Wann erfolgt die nächste Annäherung (TCPA)?

Lösungsweg (siehe Abb. 42):
Zur Ermittlung von CPA und TCPA ist es zunächst unerheblich, welchen Kurs und welche Geschwindigkeit das eigene Schiff fährt. Zunächst werden die beiden Ortungen geplottet und mit den entsprechenden Bezeichnungen B1 und B2 versehen. Ausgehend davon, dass das Ziel Kurs und Fahrt beibehält, müsste sich die relative Bewegung des Zieles in der bisherigen Form (Richtung und Geschwindigkeit) fortentwickeln. Zeichnerisch bedeutet das, dass man den CPA durch Verlängerung der bisherigen Relativbewegung über den Mittelpunkt hinaus findet und dann die Lotrechte auf den Mittelpunkt der Koppelspinne errichtet (siehe Abb. 42). In diesem Falle ist der CPA in 325° – 0,6 sm. Die dazugehörige Zeit wird nach den üblichen Rechenregeln der Navigation über die Relativgeschwindigkeit vBr (2 sm in 6 Minuten = 20 Knoten) oder mit Hilfe des Nomogramms berechnet. TCPA wäre dann um 11.24 Uhr.
Diese einfache Methode der Verlängerung der Relativbewegung eignet sich auch wunderbar für eine schnelle Grobauswertung mit einem wasserlöslichen Filzstift auf dem Radarscope.

Ausweichmanöver mit Sicherheitsabstand

Wenn zu einem Radarkontakt der CPA errechnet und dabei festgestellt wurde, dass entweder Kollisionsgefahr besteht und man keine Vorfahrt hat oder sich bei verminderter Sicht eine Nahbereichslage entwickeln würde, muss zwangsläufig ein Ausweichmanöver erarbeitet werden. Auch hier hilft uns das Plotten auf der Koppelspinne.
Der Einfachheit halber und zum besseren Verständnis wird als erste Aufgabe dazu nochmals das vorhergehende Beispiel genommen:

Lage: Eigenes Fahrzeug: Kurs rw 350°; Fahrt 5 Knoten.

Radarkontakt

B1 um 11.06 Uhr in 050° – 6 sm

B2 um 11.12 Uhr in 047° – 4 sm

Der CPA wurde mit 325° in 0,6 sm errechnet. Dieser Abstand ist dem Kapitän zu gering. Für den Fall, dass um 11.18 Uhr die Relativbewegung des Zieles unverändert sein sollte, beabsichtigt er, so auszuweichen, dass wir das andere Fahrzeug achterlich in einem Sicherheitsabstand von 1sm passieren.

Lösungsweg: Siehe Abbildung 43.
Der Passierabstand von 0,5 sm ist dem Kapitän zu gering. Außerdem muss dieser geringe Passierabstand als eine sich entwickelnde Nahbereichslage betrachtet werden. Daher ist es zwingend erforderlich, Kurs und Fahrt des Fahrzeuges B zu ermitteln.
Hierfür müssen wir, wie gehabt, das bekannte Wegedreieck zeichnen. Die Berechnung soll im Stundendreieck erfolgen. Das heißt:
Wir müssen den Eigenschiffsvektor KA = 350° und vA = 5 Knoten einzeichnen.
Wir zeichnen zweckmäßigerweise im Maßstab 1:2.
Die ursprüngliche Relativbewegung B1–B2 des Zieles wird parallel verschoben und an den Endpunkt des Eigenschiffsvektors in Pfeilrichtung angetragen.
Die Relativbewegung von B wird auf Stundenmaß vBr = 20 Knoten (Maßstab 1:2) verlängert.

Die Verbindung des Endpunktes der Relativbewegung von B mit dem Mittelpunkt der Koppelspinne ist dann der Vektor KB (rw Kurs und Fahrt) des Zieles B. KB = 249°, vB = 18,5 Knoten.
Damit ist auch eindeutig geklärt, dass das Fahrzeug B Vorfahrt hat und wir ausweichpflichtig sind. Wir müssen also einen Ausweichkurs ermitteln, der den Ausweichregeln der KVR und den Vorgaben des Kapitäns entspricht.
Wir nehmen die Koppelspinne mit dem existierenden Wegedreieck und CPA-Plot und plotten für den Zeitpunkt 11.18 Uhr voraus.
Für diesen Zeitpunkt möchte der Kapitän eine solche Kursänderung vornehmen, dass wir den Gegner achterlich in einem Abstand von 1 sm passieren. Oder mit anderen Worten, die Relativbewegung des Zieles soll sich ab 11.18 Uhr so ändern, dass sie in einem Abstand von 1 sm vom eigenen Fahrzeug (Mittelpunkt der Koppelspinne) vorbeiführt, wobei wir die gegnerische Kurslinie achterlich von ihm schneiden.
Hierfür zeichnet man zunächst einmal den Sicherheitsabstand (auch Angstkreis genannt) als Kreis um den Mittelpunkt ein. In diesen Kreis soll gemäß Anweisung des Kapitäns kein anderes Fahrzeug eindringen. Das heißt, die relative Bewegung des Fahrzeugs B soll so verlaufen, dass sie außerhalb des 1 Seemeilen-Kreises verbleibt oder maximal tangential daran vorbeiführt. Wir können also die neue Relativbewegung von B als Tangente an diesen Kreis legen.
Für mathematisch Interessierte sei zur Wiederholung erwähnt, dass ein Dreieck vollständig definiert ist durch drei Angaben, wovon mindestens eine der Angaben eine Seitenangabe sein muss. In unserem Falle der »Ermittlung von Ausweichkursen« sind bekannt der Gegnervektor (Kurs und Fahrt von B) und die neue Relativbewegung von B als Richtungsangabe (Tangente). Damit ist für das neue Stundendreieck als zweite Angabe der Winkel zwischen dem Gegnervektor B und der Relativbewegung bekannt. Somit fehlt für die vollständige Definition des Dreiecks nur noch eine Angabe.
Wir wissen, dass der Anfangspunkt unseres Eigenschiffsvektors im Mittelpunkt unserer Koppelspinne liegt. Als weitere Ortsangabe für unseren Eigenschiffsvektor wissen wir, dass der neue Endpunkt des Eigenschiffsvektors irgendwo auf der neuen Relativbewegung von B liegen muss. Damit ist das neue Stundendreieck als Vorhersagedreieck fast ausreichend bestimmt. Es ist jetzt an uns, den Endpunkt für unseren neuen Eigenschiffsvektor auf der neuen Relativbewegung von B festzulegen. Das heißt, wir legen damit unseren neuen Kurs- und Fahrtvektor als dritte Seite im Stundendreieck fest.
Soweit zur Theorie.

Nun zur Praxis der Berechnung (Abb. 43).
Wir zeichnen zunächst den Sicherheitsabstand (Angstkreis) als Kreis um den Mittelpunkt ein und legen die neue Relativbewegung von B als Tangente an diesen Kreis. Die Winkeldifferenz zwischen der alten Relativbewegung (B1–B2) und der neuen Relativen (Tangente) wird als Echoknick δ (sprich: »delta«) bezeichnet. Ausgehend von der Annahme, dass das Fahrzeug B seinen Kurs und seine Fahrt beibehält, können wir jetzt die für 11.18 Uhr geplante neue Relativbewegung von B (Tangente) so parallel verschieben, dass der Endpunkt am absoluten Gegnervektor B anliegt. Selbige Gerade wird nun die neue Relativbewegung von B also Br(neu) im neuen Stundendreieck, auch Vorhersagedreieck genannt, da es hier um vorhergesagte Bewegungen geht. Von diesem neuen Vorhersagedreieck haben wir bisher den Gegnervektor B und die vom Endpunkt dieses Vektors ausgehende neue Relativbewegung Br, allerdings ohne Endpunkt, das heißt ohne die Länge dieses

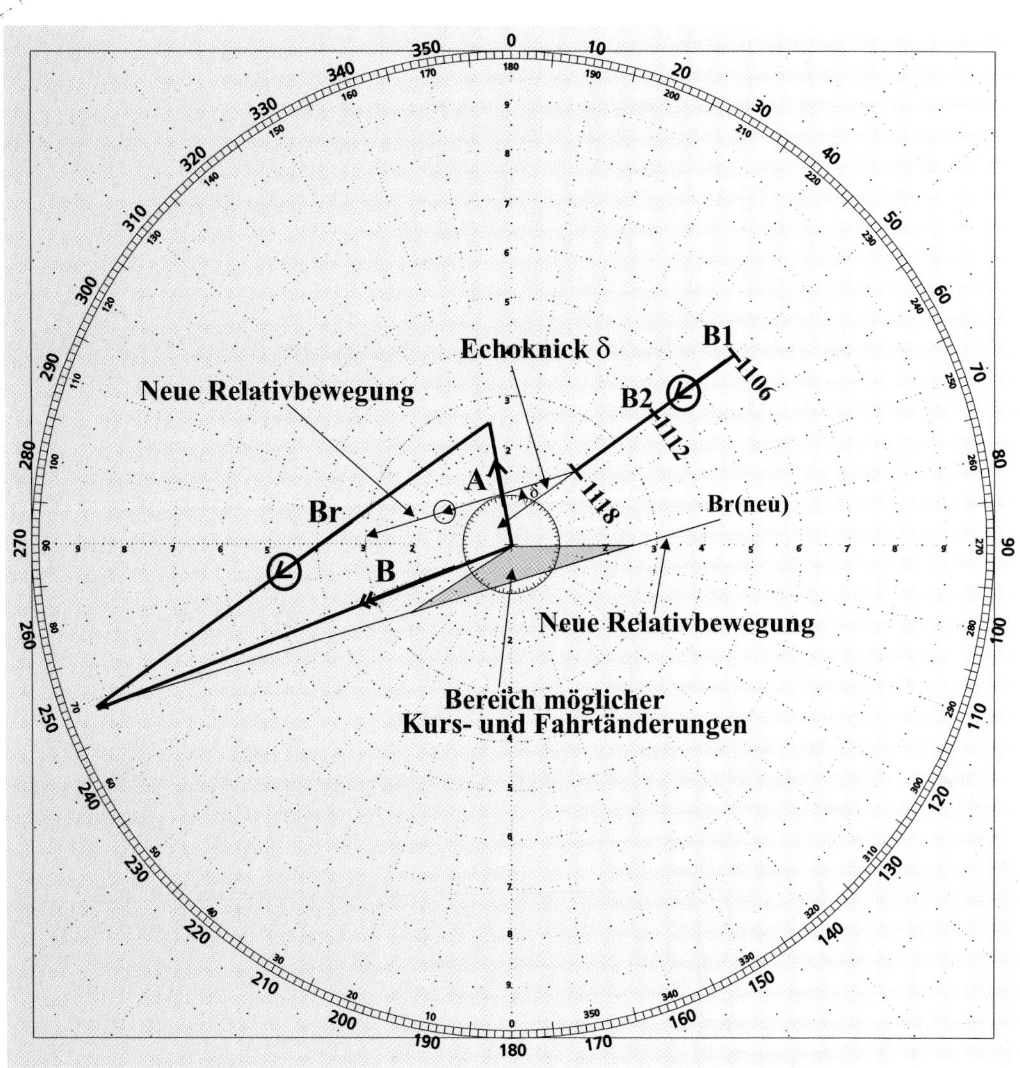

Abb. 43: Nordstabilisiertes Vorhersagedreieck zur Ermittlung eines Ausweichmanövers.

Vektors. Um die Länge dieses Vektors, das heißt um das neue Stundendreieck zu erhalten, bedarf es unsererseits der Entscheidung, wie unsere Kursänderung bzw. wie unser neuer Eigenschiffsvektor aussehen soll.

Bekanntermaßen gibt es bei Ausweichmanövern meist mehr als nur eine Möglichkeit. In Abbildung 43 sehen wir, dass wir dem Kapitän bei Geschwindigkeiten von maximal 5 Knoten innerhalb des Dreiecks Kurs- und Fahrtwerte von 090° – 5 Knoten rechtsherum über 170° – 1,5 Knoten bis zu 238° – 5 Knoten empfehlen können.

Der Kapitän entscheidet, gemäß den Regeln der KVR über Stb.-Bug auf 170° zu gehen, die Geschwindigkeit kurzfristig auf 1,5 Knoten zu

reduzieren, und sobald er das andere Fahrzeug in 350° peilt, über Bb.-Bug auf den alten Kurs und die alte Geschwindigkeit zurückzukehren.
Es ist dringend zu empfehlen, nach erfolgter Kursänderung die Relativbewegung des Zieles während des gesamten Ausweichmanövers genau zu beobachten und insbesondere auf den geplanten Echoknick zu achten. Nur so kann sichergestellt werden, dass das Ausweichmanöver wie geplant abläuft und ggf. unvorhersehbare Manöver des Zieles rechtzeitig erkannt werden.

Mehrfachlösungen bei Ausweichmanövern

Zur weiteren Verdeutlichung der Zeichenmethodik für Ausweichmanöver und zur Vertiefung des Verständnisses wird im Folgenden ein weiteres aber anders gelagertes Beispiel für die Errechnung von Ausweichmanövern vorgestellt (siehe Abb. 44).
Zunächst einmal haben wir eine ganz normale Begegnungssituation mit ebenso normalen Radarkontakten.

Lage: Das eigene Fahrzeug ist ein Küstenmotorschiff mit einem nordstabilisierten Radarbild. Es ist Nacht, aber relativ klare Sicht. Der Wind kommt mit Windstärke 5–6 aus SW bei einem Seegang der Stärke vier. Das Fahrzeug giert stark.
Eigener Kurs rw 065°, Fahrt 7 Knoten.

Radarkontakt

B1	um 21.50 Uhr in 115° – 6 sm
	um 21.56 Uhr in 114° – 5 sm
B2	um 22.02 Uhr in 113° – 4 sm

Der Kapitän hat für alle Schiffsbegegnungen einen Sicherheitsabstand von mindestens 1 sm befohlen. Notwendige Ausweichmanöver sind so anzulegen, dass wir eindeutig hinter dem Heck anderer Fahrzeuge passieren und Kursänderungen nach Backbord vermeiden.

Fragen:

Wie ist die Situation zu beurteilen?
Wie lauten Kurs und Fahrt des Kontaktes, wie CPA und TCPA?
Ist eine Kursänderung erforderlich?
Wenn ja, welche Kursempfehlung ist zu geben?

Beurteilung der Situation:
In Anbetracht der unruhigen Lage des Fahrzeugs muss die um jeweils ein Grad differierende Peilung sicherheitshalber als eine stehende Peilung betrachtet werden. Der Gegner kommt von Steuerbord (weniger als 68°) und hat somit Bug links, also Vorfahrt. Es muss also gehandelt werden. Weiteres Abwarten und Beobachten könnte zur Verunsicherung des anderen Fahrzeuges führen.
Der WO hat beschlossen, für den Zeitpunkt 22.08 Uhr das erforderliche Manöver vorauszuberechnen und gleichzeitig für diesen Zeitpunkt die letzte Überprüfung der Peilung vorzunehmen. Um 22.08 Uhr wird der Radarkontakt in 112° in 3 sm geortet.
Das entspricht der Erwartung.

Vorgehensweise für die Ermittlung des Ausweichmanövers (siehe Abb. 44):
Die Radarkontakte werden auf der Koppelspinne geplottet. Anfangs- und Endpunkt werden mit B1 und B2 bezeichnet. Auf Grund der vorliegenden Ortungen kann davon ausgegangen werden, dass sich die relative Bewegung des Zieles in der bisherigen geradlinigen Form weiter entwickelt. Die Relativbewegung wird in der bisherigen Richtung über den Mittelpunkt hinaus extrapoliert. Die Lotrechte von dieser Geraden auf den Mittelpunkt ergibt den zu erwartenden Passierabstand in Richtung und Distanz.

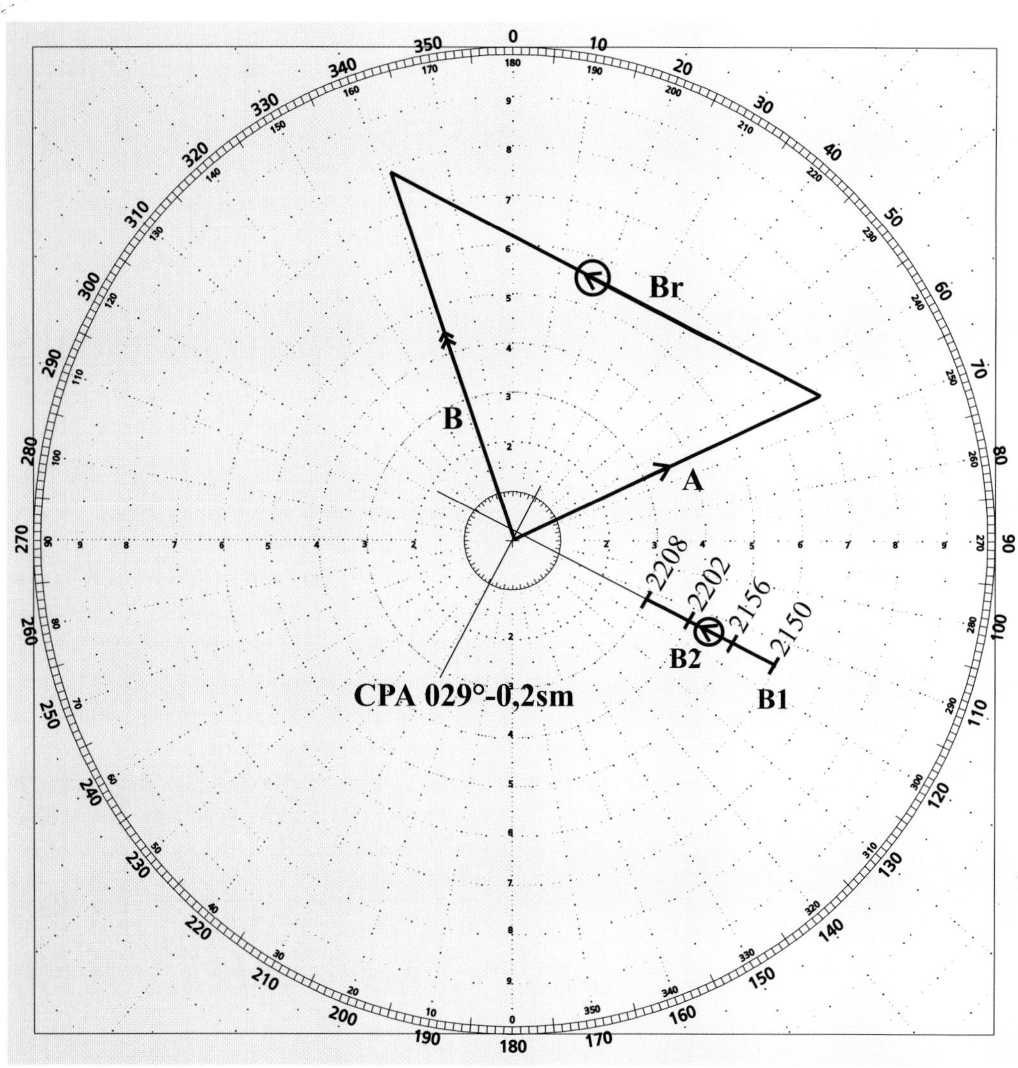

Abb. 44: Nordstabilisiertes Vorhersagedreieck zur Ermittlung von CPA und TCPA.

Der Fußpunkt dieser Lotrechten ist somit bei unverändert gleichbleibender Situation der »Punkt der nächsten Annäherung« oder auch Passierabstand, im Englischen bezeichnet als »Closest Point of Approach« (CPA). Dem folgend wird der dazugehörige Zeitpunkt als »Time of Closest Point of Approach« (TCPA) bezeichnet.

Nachdem nun der CPA gefunden wurde, kann nach den herkömmlichen Methoden der Navigation die Distanz bis zum Mittelpunkt als Passierabstand errechnet werden. Die Distanz vom Zeitpunkt der letzten Ortung bis zum CPA entspricht dann der Zeit bzw. dem Zeitpunkt bis zum CPA. In unserem Falle wäre der CPA 0,2 sm in 029 Grad um 22.20 Uhr.

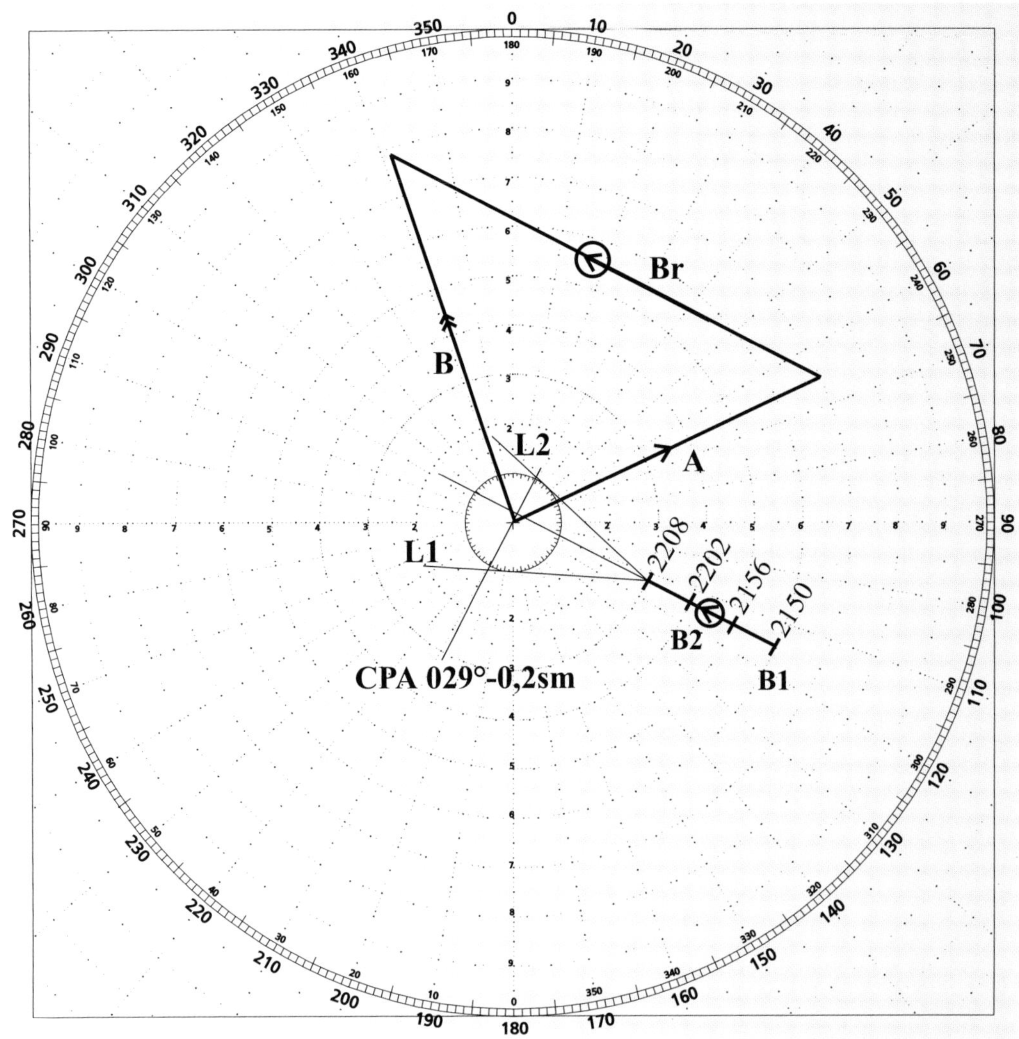

Abbildung 45: Nordstabilisiertes Vorhersagedreieck zur Ermittlung der neuen Relativbewegung.

Um nun unseren neuen Kurs für das erforderliche Ausweichmanöver zu ermitteln, müssen wir zunächst einmal das Wegedreieck zur Errechnung von Kurs und Fahrt des Zieles zeichnen. Die Berechnung soll in altbekannter Form im Stundendreieck erfolgen. Das heißt:
Den Eigenschiffsvektor KA = rw 065° und vA = 7 Knoten einzeichnen.

Die Relativbewegung B1–B2 des Gegners wird parallel verschoben und an den Endpunkt des Eigenschiffsvektors in Pfeilrichtung angetragen.
Die Relativbewegung von B wird auf Stundenmaß vBr = 10 Knoten verlängert.
Die Verbindung des Endpunktes der Relativbewegung von Br mit dem Mittelpunkt der

Koppelspinne ist dann der Vektor B (rw Kurs und Fahrt) für den Gegnerkurs.
KB = 341° und Gegnerfahrt vB = 7,9 Knoten.

Damit ist auch eindeutig geklärt, dass das Fahrzeug B Vorfahrt hat und wir ausweichpflichtig sind. Es muss jetzt also ein Ausweichmanöver ermittelt werden, das den Ausweichregeln der KVR und den Vorgaben des Kapitäns entspricht.
Die Berechnung eines Ausweichkurses wird für den Zeitpunkt der nächsten Ortung (22.08 Uhr) vorbereitet. Für diesen Zeitpunkt möchte der Kapitän eine solche Kursänderung vornehmen, dass wir das Fahrzeug B achterlich, d.h. hinter seinem Heck in einem Abstand von mindestens 1 sm passieren.
Oder mit anderen Worten: Die Relativbewegung des Fahrzeuges B soll sich ab 22.08 Uhr so ändern, dass sie in einem Abstand von mindestens 1 sm vor dem eigenen Fahrzeug (Mittelpunkt der Koppelspinne) vorbeiführt.
Hierfür wird zunächst mit dem Sicherheitsabstand von 1 Seemeile ein Kreis um den Mittelpunkt gezeichnet. In diesen Kreis soll gemäß Anweisung des Kapitäns kein anderes Fahrzeug eindringen. Das heißt, die relative Bewegung des Fahrzeugs B soll so verlaufen, dass sie außerhalb des 1 Seemeilen-Kreises verbleibt oder maximal tangential daran vorbeiführt.
Die neue Relativbewegung von B kann daher als Tangente ausgehend von der 22.08 Uhr-Ortung an diesen Kreis gelegt werden.
Wie aus der Abbildung 45 hervorgeht, gibt es nicht nur eine, sondern zwei Möglichkeiten für eine Tangente: eine Möglichkeit nördlich und eine andere südlich an den 1-sm-Nahbereich. Die Lösung 1 wird mit L1 und die Lösung 2 mit L2 bezeichnet. Da es anfänglich etwas schwierig ist, sofort zu entscheiden, welche die bessere oder richtige Tangente/Relativbewegung ist, werden zunächst beide Möglichkeiten zwecks Entscheidungsfindung zeichnerisch weiter untersucht.

Ausgehend von der Annahme, dass der Gegner B seinen Kurs und seine Fahrt beibehält, können wir die für 22.08 Uhr geplanten neuen Relativbewegungen von B (L1 und L2) so parallel verschieben (siehe Abb. 46), dass die Endpunkte am Gegnervektor B anliegen. Vom Vektor B ausgehend haben wir jetzt zwei Geraden als mögliche neue Relativbewegungen von B im neuen Stundendreieck, was somit jetzt als Vorhersagedreieck zu bezeichnen ist.
Die Lösung L1 führt nach rechts oben immer weiter aus dem Kreis der Koppelspinne hinaus. Das heißt, der theoretisch mögliche Endpunkt unseres Eigenschiffsvektors (vom Mittelpunkt ausgehend) führt zu Geschwindigkeiten von 8 Knoten und mehr und gleichzeitig zu nördlichen Kursen, die uns vorm Bug des Zieles B vorbeiführen würden. Das wäre nach KVR bei klarer Sicht zwar nicht verboten, es wäre aber eine unseemännische Variante, schnell noch Gas zu geben und vor dem Bug des anderen Fahrzeugs zu passieren. Auf Grund der Weisung des Kapitäns, das andere Fahrzeug hinter seinem Heck zu passieren, entfällt diese Lösung L1 für uns ohnehin.
Nun gilt es, die Lösung L2 weiter zu verfolgen. Von dem neuen Vorhersagedreieck haben wir bisher den Vektor B und die vom Endpunkt dieses Vektors B ausgehende neue Relativbewegung L2. Damit sind von dem neuen Vektorendreieck zwei Angaben bekannt. Es fehlt noch die dritte Angabe. Dieser dritte Parameter nun liegt in unserer eigenen Entscheidungskompetenz.
Wir wissen: Im Stundendreieck liegt der Endpunkt des Eigenschiffsvektors auf dem Vektor der Relativbewegung Br. Andererseits bestimmt die Länge des neuen Relativ-Vektors den Angriffspunkt (Endpunkt) des Eigenschiffsvektors. Diesen Punkt festzulegen ist also lediglich eine Frage unserer Entscheidung. Wo immer wir diesen Punkt hinlegen, von dort aus zum Mittelpunkt ist unser Eigenschiffsvektor A. Sehen wir uns auf dem Hintergrund dieses

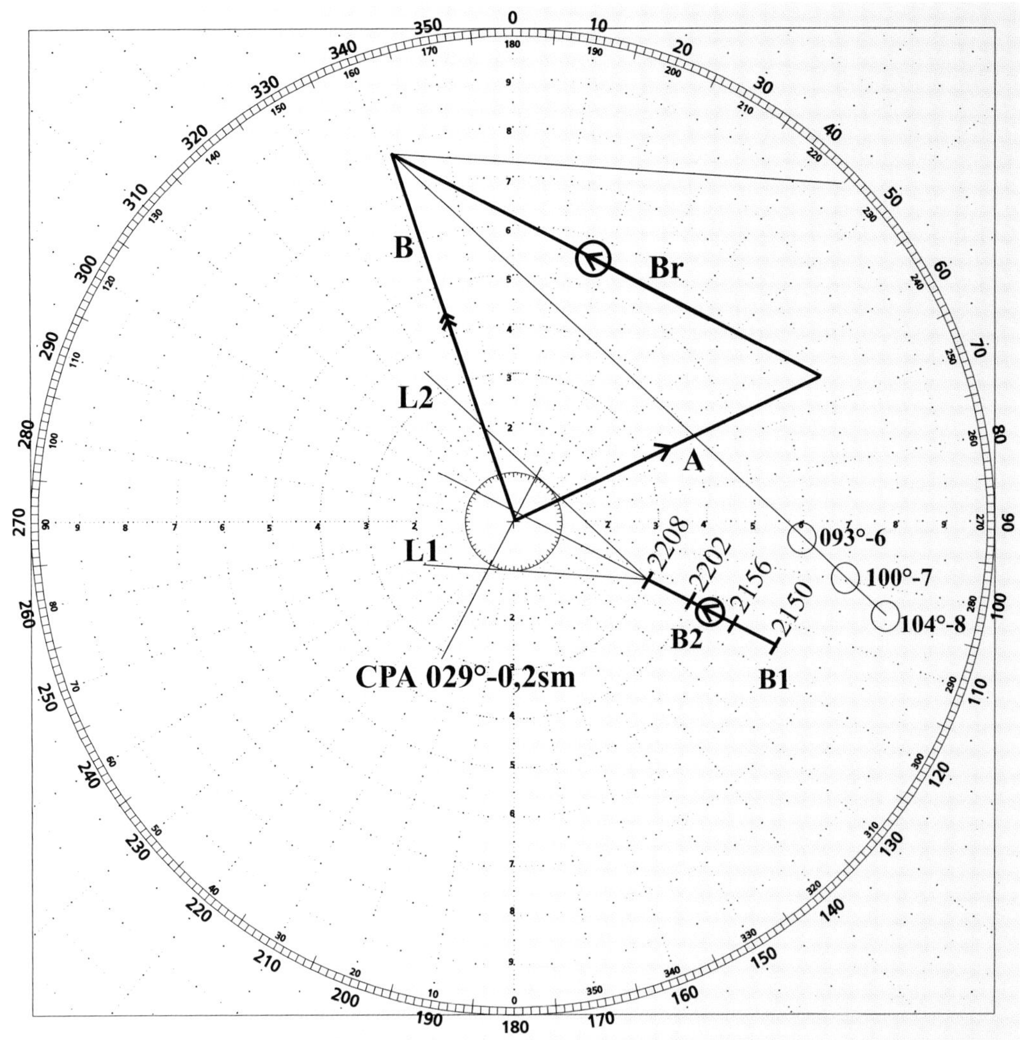

Abb. 46: Nordstabilisiertes Vorhersagedreieck. Mehrfachlösungen L1 und L2 zum Übungsbeispiel auf den S. 92–94.

Wissens die Relativbewegung L2 an, so ergeben sich für den Eigenschiffsvektor Werte von 360 Grad – 5,1 Knoten rechtsdrehend über 065° – 4,1 Knoten, 100° – 7 Knoten bis 104° – 8 Knoten und weitere Kurse für Geschwindigkeiten größer als 8 Knoten.

Damit haben wir für unseren Ausweichkurs ein ziemlich weites Entscheidungsspektrum von 360 Grad bis 104 Grad. All diese Kurse erfüllen die vorgenannten Sicherheitskriterien von 1 sm Abstand und Passieren hinter dem Heck vom Fahrzeug B. Also alles mathematisch einwandfreie Lösungen. Aber leider sind nicht alle Lösungen sinnvoll und seemännisch vertretbar, und gerade das ist das Interessante an diesem Fall.

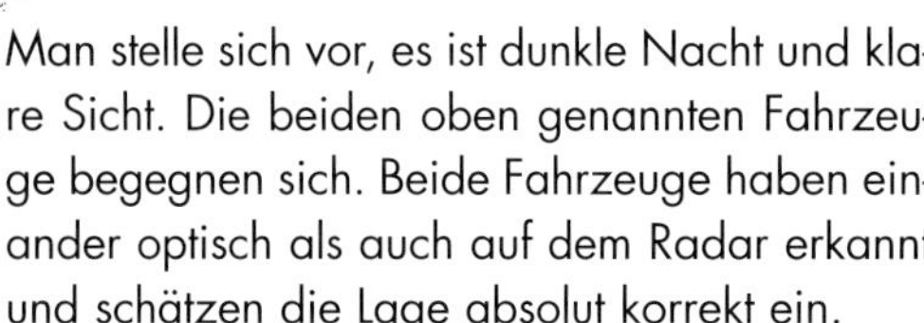

Man stelle sich vor, es ist dunkle Nacht und klare Sicht. Die beiden oben genannten Fahrzeuge begegnen sich. Beide Fahrzeuge haben einander optisch als auch auf dem Radar erkannt und schätzen die Lage absolut korrekt ein.
Fahrzeug A hat das Fahrzeug B um 22.08 Uhr ganz deutlich an Stb. in 48 Grad Seitenpeilung bzw. rw. 113°. Das rote Seitenlicht von Fahrzeug B ist deutlich auszumachen. Das stimmt überein mit den Radarpeilungen. A erkennt auch, dass B Vorfahrt hat und ermittelt einen erforderlichen Ausweichkurs mit einer Seemeile Sicherheitsabstand.
Fahrzeug B erkennt um 22.08 Uhr das Fahrzeug A in 5 Dez (1 Dez entspricht 10°) an Backbord. Die grüne Stb.-Laterne von A ist deutlich auszumachen. B stellt fest, dass er Vorfahrt hat, und beabsichtigt dementsprechend, seinen derzeitigen Kurs gem. KVR durchzuhalten. Der WO beobachtet das Fahrzeug A intensiv optisch in Erwartung einer Kursänderung.
Als um 22.08 Uhr der Abstand zwischen den Fahrzeugen 3 Seemeilen beträgt, leitet das Fahrzeug A sein Ausweichmanöver ein und geht bei gleichbleibender Geschwindigkeit von 7 Knoten um 35° nach Steuerbord auf Kurs 100 Grad. Nach den Berechnungen des WO auf Fahrzeug A müsste sich nun ein Passierabstand von einer Seemeile ergeben. A müsste hinter dem Heck von B passieren.
Fahrzeug B erwartet seit längerem eine gehörige Kursänderung von Fahrzeug A. Kann aber auch um 22.08 Uhr keinerlei Lageänderung von Fahrzeug A erkennen. Fahrzeug A zeigt unverändert das grüne Seitenlicht.
Die Annäherungsgeschwindigkeit zwischen den Fahrzeugen beträgt 1 Seemeile pro 6 Minuten, das bedeutet noch maximal 12 Minuten bis zur möglichen Kollision.

Anmerkungen:

1. Der Echoknick (Änderung der Relativbewegung) auf dem Radar beträgt maximal die Hälfte der Kursänderung. Fahrzeug B kann auf dem Radar also erst sehr spät die Kursänderung von A (35°) erkennen. Details zum Echoknick im nächsten Kapitel.
2. Beide Fahrzeuge fahren nur 7 bzw. 8 Knoten und nicht wie heute meist üblich 15 bis 22 Knoten. In solch einem Falle wären bei den vorliegenden Kursen noch ca. 9 Minuten bis zur Kollision übrig. Also eine fatale Situation trotz der vermeintlich korrekten Vorgehensweise auf beiden Fahrzeugen.

Würde Fahrzeug B sich jetzt langsam in eine Nahbereichslage mit der Gefahr einer Kollision gedrängt sehen, so würde B die Fahrt wesentlich reduzieren und nach Steuerbord drehen. Das würde in Anbetracht des Ausweichmanövers von A um 35° nach Steuerbord zu einer erheblichen ggf. gefährlichen Verringerung des Passierabstandes, wenn nicht sogar zur Kollision führen.

Was ist falsch gelaufen?

Die rechnerisch korrekte Kursänderung von 35° würde Fahrzeug A mit ca. 1 sm hinter dem Heck vorbeiführen. Allerdings ist bei jedem Manöver auf Grund der trägen Reaktion eines größeren Fahrzeugs mit einem CPA-Verlust zu rechnen, so dass der Passierabstand weniger als eine Seemeile betragen würde. Unberücksichtigt geblieben dabei ist außerdem, dass für das Andrehen auf den Ausweichkurs auch Zeit vergeht, während der sich Fahrzeug B fragen muss, ob A überhaupt abdreht.
Noch problematischer jedoch ist, dass die Kursänderung von Fahrzeug A viel zu gering ausgefallen ist. Das heißt, die Kursänderung hätte energischer und größer ausfallen müssen. Sie hätte insbesondere bei Nacht so ausfallen müssen, dass das Fahrzeug B sofort eine Kursänderung an dem Wechsel der Seitenlichter von grün auf rot hätte erkennen können. Dieser wesentliche Aspekt seemännischen Verhaltens blieb völlig unberücksichtigt. Auf Fahrzeug A konzentrierte man sich aus-

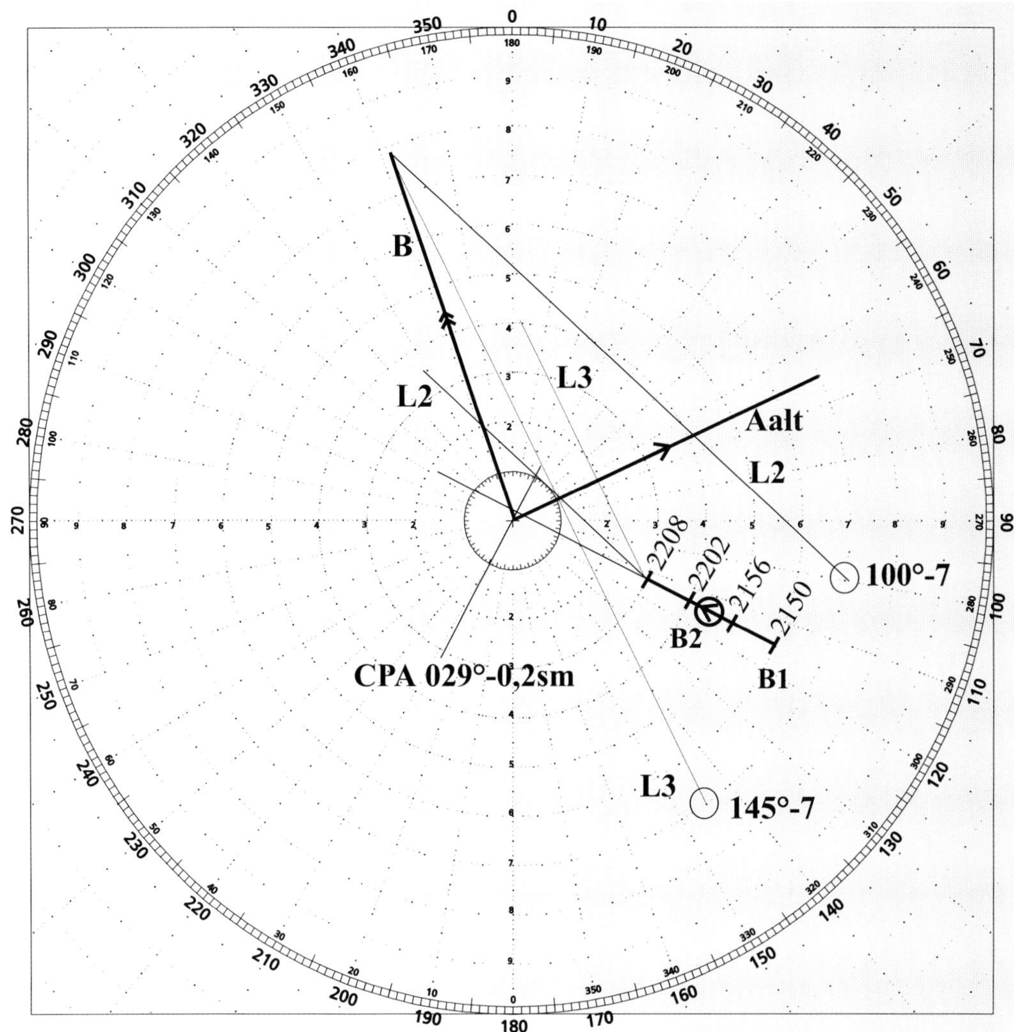

Abb. 47: Nordstabilisiertes Vorhersagedreieck; Ausweichmanöver aus der Praxis.

schließlich auf die rechnerische Lösung. Hierauf muss besonders hingewiesen werden, denn durch die viele Rechnerei auf dem Papier und die wiederholten Blicke auf das Radar gehen die Aspekte guter Seemannschaft leicht verloren.

Wie hätte die Kursänderung von Fahrzeug A ausfallen sollen?

Ohne Radar bei klarer Sicht oder entsprechenden Verhältnissen bei Tage hätte man um mindestens 60° angedreht, um dem Gegner die Kursänderung deutlich zu machen, und wäre dann langsam wieder nach Bb. aufgekommen, um eindeutig hinter dem Heck von B zu passieren.

Wie sieht das Gleiche nun im Hinblick auf das Radarplot aus (Abb. 47)?

Der Radarbeobachter hätte neben seinen Berechnungen auch auf die Lage zum Fahrzeug B achten müssen. Das heißt, die Kursänderung muss so bemessen werden, dass sie für das andere Fahrzeug klar erkennbar ist. In unserem speziellen Fall müsste die Kursänderung ungeachtet der 1-Seemeilen-Forderung des Kapitäns von einer Steuerbordlage eindeutig zu einer Backbordlage führen, selbst wenn dadurch die rechnerische Lösung zu einem größeren Abstand als 1 Seemeile führen würde. In der Praxis heißt das, dass bei einer Seitenpeilung des Fahrzeugs B von 48° bzw. rw 113° der Ausweichkurs eindeutig darüber hinaus gehen müsste.

Zeichnerisch heißt das, man müsste sicherlich zunächst die Rechnung wie bisher beschrieben durchführen. Dann dürfte ein Ausweichkurs von 100° aber nicht akzeptiert werden, sondern aus den obigen Gründen um 25° bis 30° erweitert werden. Sobald das andere Fahrzeug dann an Backbord in ca. 45° Seitenpeilung peilt, kann langsam auf das Heck des anderen Fahrzeugs angedreht und weiter nachgedreht werden, bis man wieder auf seinem alten Kurs von 065° ist. Für denjenigen, der hierfür unbedingt eine zeichnerische Lösung braucht, sähe die tangentiale Relativbewegung wie in Abbildung 47 als Lösung L3 dargestellt aus.

Der Ausweichkurs nach Zeichnung wäre dann 145 Grad. Der Passierabstand wäre rein rechnerisch fast 2 sm, was durch das Andrehen auf das Heck von B aber erheblich geringer ausfallen würde.

Auswirkungen einer Kursänderung auf den Echoknick

Zunächst einmal ist jeder geneigt, bei einer Kursänderung an seinen eigenen Sicherheitsabstand und auf den Echoknick und die neue Relativbewegung des Gegners zu achten, zumal die KVR in der Regel 8 vorschreibt, die Wirksamkeit des Manövers sorgfältig zu überprüfen, bis das andere Fahrzeug endgültig vorbei und klar ist. Die Regel 8 sagt aber auch, dass eine Kursänderung und/oder Geschwindigkeitsänderung so groß sein muss, dass ein anderes Fahrzeug sie optisch oder durch Radar schnell erkennen kann. Es reicht also nicht aus, dass in einer Begegnungssituation von einem Sportboot mit einem Handelsschiff, wobei das Sportboot z.B. ausweichpflichtig ist, der Sportboot-Skipper überzeugt ist, dass seine Kursänderung ausreichend ist. Vielmehr stellt sich zusätzlich die Frage, wie groß eine Kursänderung sein muss, damit sie vom Handelsschiff nach den Maßgaben der KVR Regel 8 schnell erkannt werden kann.

Was aber ist das deutliche Signal zum »schnellen Erkennen auf dem Radar«? Normalerweise sagt man, dass ein Echoknick von ca. 20° erkannt werden müsste. Das ist wert, näher betrachtet zu werden, zumal derartige Angaben für den Sportbootfahrer noch keine quantitative Aussage über die erforderliche Größe seiner eigenen Kursänderung erlauben.

Daher sollen im Folgenden die Auswirkungen einer eigenen Kursänderung von 30° auf den Echoknick auf dem Bildschirm des Gegners betrachtet werden. Die Gegnergeschwindigkeit (z.B. Handelsschiff) wird mit 18 Knoten angenommen. Zum Zwecke der Vergleichbarkeit der Ergebnisse werden drei eigene Geschwindigkeiten von 18 Knoten, 9 Knoten und 6 Knoten angesetzt. Diese Verhältnisse entsprechen etwa der Realität. Ein Handelsschiff fährt heutzutage durchaus 18 Knoten, die Geschwindigkeit eines Motorbootes ist mit 9 Knoten und die einer Segelyacht mit 6 Knoten durchaus realistisch.

Beispiel:
Eigenkurs 020° und eigene Fahrt 18 Knoten, 9 Knoten und 6 Knoten.
Gegnerkurs 310°, Gegnerfahrt 18 Knoten. Kollisionskurs.

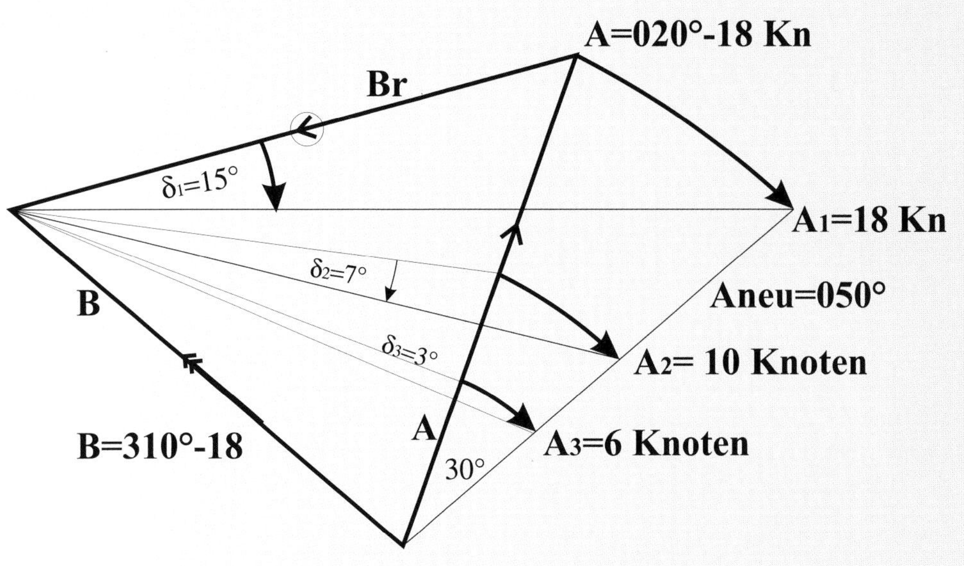

Abb. 48: Echoknick abhängig von dem Verhältnis Gegnerfahrt zu Eigenfahrt.

Das Ergebnis sagt Folgendes:

- Bei gleicher Geschwindigkeit beider Fahrzeuge macht sich eine Kursänderung mit maximal der Hälfte als Echoknick auf dem gegnerischen Radar bemerkbar.
- Fährt ein Sportboot nur halb so schnell wie das ihm begegnende Handelsschiff, so macht sich die Kursänderung des Sportbootes von 30° nur mit 7° auf dem Radar des Handelschiffes bemerkbar.
- Fährt eine Segelyacht nur mit einem Drittel der Geschwindigkeit des ihm begegnenden Handelsschiffes, so macht sich die Kursänderung des Sportbootes von 30° nur mit 3° auf dem Radar des Handelschiffes bemerkbar.

Wenn also ein Echoknick von weniger als 20° auf dem Radar des erheblich schneller fahrenden Handelsschiffes nicht schnell genug erkennbar ist, dann gibt es für uns Sportbootfahrer nur ein Fazit:

Bei kritischen Begegnungssituationen mit Handelsschiffen (insbesondere nachts und bei verminderter Sicht) sollte unsere Kursänderung mindestens 60°–90° betragen.

Mehr dazu in Kapitel 7.

Lösungsmethode: »Lösung am Gegner«

Der Leser wird sich an dieser Stelle sicherlich über die Bezeichnung »Lösung am Gegner« wundern. Das hat jedoch eine ganz einfache Erklärung.
Wie die oben beschriebenen Relativ-Plottverfahren, so wurde auch das nun folgende Verfahren ursprünglich im militärischen Bereich entwickelt, hat aber danach in der zivilen Nutzung bisher keine spezielle eigene Bezeichnung gefunden. Daher wurde zur Verdeutlichung und Unterscheidung zum Stundendreieck die auch heute noch übliche militärische Bezeichnung »Lösung am Gegner« beibehalten.
Im Prinzip handelt es hierbei auch nur um eine für manche Fälle sehr praktische Variante zum Stundendreieck. Das Vektorendreieck wird nicht im Mittelpunkt, sondern direkt an den Ortungen des Gegners gezeichnet. Daher der Name »Lösung am Gegner«.
Angenommen, Sie haben auf dem Radarschirm 12 Minuten lang einen Radarkontakt verfolgt und seine relative Bewegung mit Fettstift auf dem Schirm festgehalten. Dann könnten Sie diese Bewegung sofort als Relativvektor für 12 Minuten betrachten, daran Ihren absoluten Eigenschiffsvektor (Eigenkurs und -fahrt) für ebenfalls 12 Minuten anbringen und so den gesuchten Vektor für Gegnerkurs und Gegnerfahrt für 12 Minuten erhalten. Eine sehr schnelle Methode.
Dieses Verfahren wird nun in mehreren Beispielen vorgestellt. Weitere Aufgaben finden Sie im Anhang.

Kurs und Fahrt, CPA und TCPA

Beispiel 1:
Darstellungsart: relativ-nordstabilisiert
Lage:
Eigenes Fahrzeug Kurs 300°, Fahrt 16 Knoten
Radarkontakt
um 17.15 Uhr in 000° – 8,0 sm
um 17.21 Uhr in 015° – 5,2 sm
um 17.27 Uhr in 054° – 3,4 sm

Fragen: Wie lauten Gegnerkurs und -fahrt, CPA und TCPA?

Lösungsweg: Lösung am Gegner
Darstellungsart: relativ-nordstabilisiert.

Wir zeichnen wie gewohnt vom Mittelpunkt aus den eigenen Kursvektor A (300° – 16 Knoten) als Referenzwert im Maßstab 1:2 ein (markiert M 1:2) und setzen die Geschwindigkeit von 16 Knoten im Kästchen daneben. Dann tragen wir die drei Ortungen im Maßstab 1:1 ein, bezeichnen die erste mit B1 und die letzte mit B2, setzen die entsprechenden Uhrzeiten daneben und tragen mittig den eingekreisten Richtungspfeil an. Dieses ist der Vektor der relativen Bewegung des Radarkontaktes B, also KBr = 335°; vBr = 33 Knoten.
An die erste Ortung B1 tragen wir nun parallel verschoben unseren Eigenfahrtvektor mit der Spitze an. Da wir über einen Zeitraum von 12 Minuten arbeiten, muss unser Vektor eine Länge von 3,2 sm im Maßstab 1:1 aufweisen. Unser Eigenschiffsvektor wird mittig mit einem einfachen Pfeil gekennzeichnet.
Den Anfangspunkt unseres Eigenschiffsvektors A verbinden wir jetzt mit B2 der Relativbewegung von Br. Dieser Verbindungsvektor vom Ursprung des Eigenschiffsvektors zum Ortungspunkt B2 ist der Absolutvektor der Bewegung des Fahrzeugs B im 12-Minuten-Dreieck, KB = 180°. Die Länge des Vektors beträgt 4,4 Einheiten. Im Maßstab 1:1 bei 12 Minuten entspricht das einer Geschwindigkeit von vB = 22 Knoten.
Zur Ermittlung des CPA verlängern wir wie gehabt die Relativbewegung Br geradlinig über

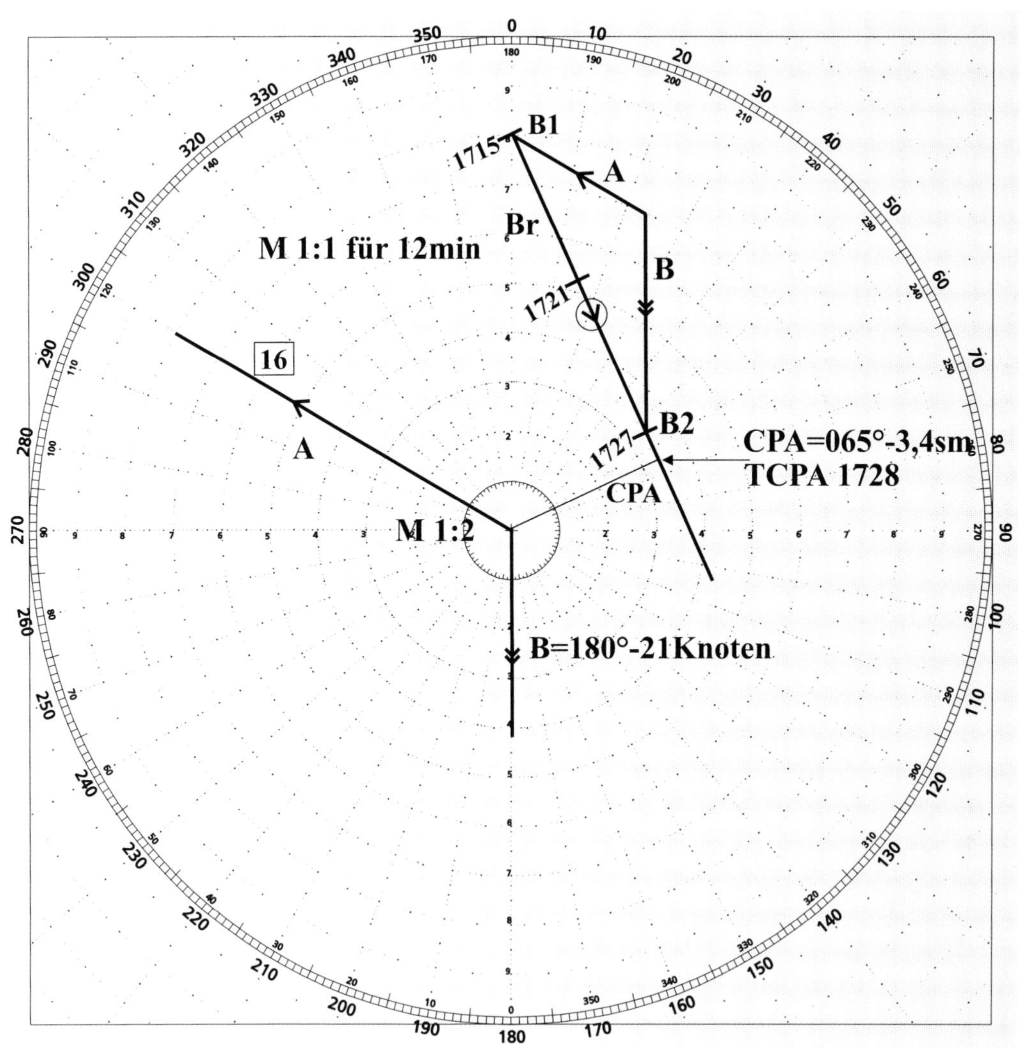

Abb. 49: Wegedreieck zur Methode »Lösung am Gegner«. Lösung zu Beispiel 1.

B2 hinaus so weit, dass wir eine Lotrechte auf den Mittelpunkt der Koppelspinne zeichnen können. Dann zeichnen wir die Lotrechte auf den Mittelpunkt ein. Die Länge der Lotrechten beträgt 3,4 sm, d.h. die CPA-Distanz beträgt 3,4 sm in 065°. Zur Ermittlung des TCPA messen wir jetzt die Strecke von B2 bis zum Fußpunkt der Lotrechten und rechnen die dazugehörige Zeit aus. Die dazugehörige Zeit TCPA ist 17.28.

Zusammengefasst lautet die Lösung:

Gegnerkurs 180°; Gegnerfahrt 22 Knoten
CPA in 065° – 3,4 sm um 17.28 Uhr.

Ermittlung eines Ausweichkurses

Als Nächstes soll im Falle einer Kollisionsgefahr ein Ausweichmanöver mit mehreren Lösungsmöglichkeiten errechnet werden.
Lage: Es ist Nacht und klare Sicht. Eigener Kurs: 330°; eigene Fahrt: 14 Knoten. Um 02.07 Uhr erscheint auf dem Radar ein großes Radarecho in 020° – 8 sm;
um 02.10 Uhr in 020° – 7 sm
um 02.13 Uhr in 020° – 6 sm.

Der Kapitän beabsichtigt, sollte der Kontakt um 02.16 Uhr immer noch in derselben Peilung stehen, so auszuweichen, dass jenes Fahrzeug in einer Mindestentfernung von 1,5 sm von unserem Schiff bleibt.

Fragen:

1. Wie beurteilen Sie die Lage?
2. Wie lauten Gegnerkurs und -fahrt, wie CPA und TCPA?
3. Welche Maßnahmen können Sie dem Kapitän vorschlagen?

Beurteilung:
Bei dem Radarkontakt handelt es sich um eine stehende Peilung an Steuerbord in 50° Seitenpeilung; CPA = Null; Kollisionsgefahr. Dringendste Maßnahme ist die Klärung der Vorfahrtfrage. Da es sich um eine stehende Peilung im Steuerbord-Vorausbereich handelt, wird der Gegner Bug links und somit Vorfahrt haben. Es muss also dringend ein Ausweichkurs ermittelt werden.

Lösungsweg (siehe Abb. 50):
Methode Lösung am Gegner;
Darstellungsart relativ-nordstabilisiert

Als Zeichenmaßstab für die Vektoren und die Ortungen erscheint der Maßstab 1:1 geeignet. Für die Ortungen rechnet man am besten mit 6-Minuten-Abschnitten.

Die drei Ortungen von 02.07 Uhr bis 02.13 Uhr werden geplottet und gleich als Relativvektor Br eines 6-Minuten-Dreiecks, Maßstab 1:1 betrachtet. Das Dreieck ist offensichtlich zu klein, um es mittig mit den korrekten Richtungspfeilen zu versehen.
Wir bringen an die 6-Minuten-Relative von B unseren absoluten 6-min-Eigenschiffsvektor an (KA =330°; vA = 1,4sm) und verbinden den Anfangspunkt des Eigenschiffsvektors mit B2. Das ist der gesuchte Vektor des Gegners B.
Gegnerkurs KB = 245°, Gegnerfahrt vB = 15,0 Knoten.
Die relative Bewegung geht auf den Mittelpunkt zu, d.h. es besteht Kollisionsgefahr und somit dringender Handlungsbedarf. Das Fahrzeug B hat Vorfahrt, und wir sind ausweichpflichtig.

- Wir plotten weiter bis 02.16 Uhr. Zu dieser Zeit will der Kapitän so ausweichen, dass der Gegner B sich dem eigenen Schiff nicht unter 1,5 sm nähert. Außerdem soll das andere Fahrzeug achteraus passiert werden.
- Wir plotten ab 02.16 Uhr die gewünschte relative Bewegung des Gegners als Tangente an den 1,5-sm-Abstandskreis.
- Es gibt zwei Möglichkeiten für die Tangente: Im Westen und im Osten vom Mittelpunkt.

Anmerkung:
Bei Mehrfachlösungen ist es wichtig zu prüfen:

- Befinden sich die Lösungen im Einklang mit der KVR?
- Welche von beiden Möglichkeiten ist die sinnvollere Maßnahme?

Gemäß der Anweisung des Kapitäns soll das andere Fahrzeug in 1,5 sm Abstand bleiben. Es blieb offen, ob wir achteraus passieren sollen oder ggf. auch vor dem Bug des Gegners passieren dürfen. Es ist jedoch in jedem Fall

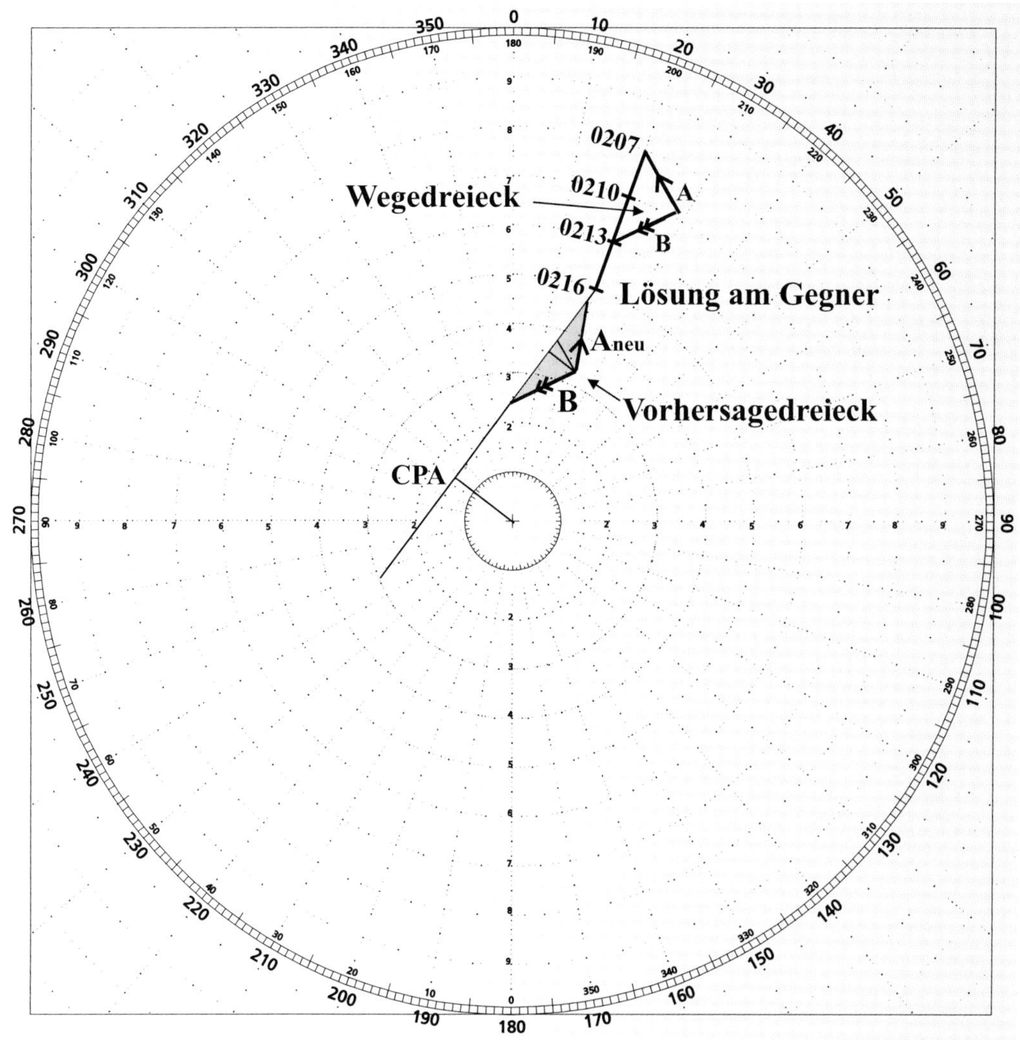

Abb. 50: Methode »Lösung am Gegner« – Mehrfachlösungen.

seemännisch, das andere Fahrzeug achterlich zu passieren.
Da wir auf Nordwest-Kurs sind und der Gegner Bug links hat, sollten wir demnach das andere Fahrzeug im Westen passieren lassen.
Der Berührungspunkt der Tangente an den 1,5-sm-Abstandskreis im Westen ist der neue CPA = 307° – 1,5 sm.

Wir betrachten diese Tangente als die neue, gewünschte Relativbewegung des Gegners B und gleichzeitig als Relativ-Vektor von B im 6-Minuten-Dreieck.
Zur Konstruktion des Vorhersagedreiecks gibt es jetzt zwei Möglichkeiten. Entweder zeichnet man im bisherigen Wegedreieck, oder man zeichnet an irgendeinem beliebigen

Punkt dieser neuen Relativbewegung. Wegen der ohnehin kleinen Zeichnung des Wegedreiecks und um der Klarheit willen zeichnet man das Vorhersagedreieck in diesem Falle besser an anderer Stelle der Relativbewegung.

Es wird angenommen, dass der Gegner Kurs und Fahrt beibehält. Folglich muss auch der Gegnervektor derselbe bleiben, während sich unsere eigene Bewegung ändern wird. Daher können wir jetzt den alten absoluten 6-Minuten-Vektor des Gegners nehmen und parallel an einen anderen Punkt der Relativbewegung verschieben.

Auf dem neuen Relativvektor von B liegen die Möglichkeiten, die sich uns bieten. Drei Möglichkeiten sind herausgegriffen worden. Viele andere Möglichkeiten im Rahmen des eigenen Geschwindigkeitspotentials sind denkbar.

Derzeitige Lage:
- Gegnerkurs KB = 245°
- Gegnerfahrt vB = 15,0 Knoten
- Derzeitiger CPA: Kollision
- Gewünschter CPA: 307° – 1,5 sm

Vorschläge für mögliche Ausweichkurse:
- L1: Kurs 010°, Fahrt von 14 Knoten beibehalten
- L2: Kurs 307°, Fahrt auf 6,5 Knoten herabsetzen
- L3: Kurs 330°, Fahrt auf 7 Knoten herabsetzen.

Bewertung der Lösungsvorschläge:

Es ist Nacht und klare Sicht. Die Fahrzeuge haben einander in Sicht. Eine Kursänderung ist gem. Regel 8 frühzeitig und entschlossen und so groß durchzuführen, dass ein anderes Fahrzeug sie optisch und durch Radar schnell erkennen kann. Im Hinblick auf die Bereinigung der Kollisionsgefahr würde die Lösung L1 dem Fahrzeug B den frühesten Wechsel der Seitenlichter anzeigen. Die Lösungen L2 und L3 würden für den Gegner keinerlei Lageänderung signalisieren ,und außerdem würde es für uns fast unerträglich lange (ca. 24 Min.) dauern bis zur Wiederaufnahme des alten Kurses.

Soweit die Beurteilung aus mathematischer Sicht. Aus seemännischer Erfahrung muss jedoch gesagt werden, dass die Lösung L1 auch unbefriedigend ist, da sie nicht zu einem sofortigen Wechsel der Lage von Steuerbord auf Backbord führt und somit für den Gegner B nicht zu einem Wechsel der Seitenlichter des Fahrzeugs A von grün auf rot. Dieses würde bei der Lösung L1 erst nach weiteren 12 Min. auf etwa 3 sm Entfernung stattfinden. Außerdem würde die Lösung L1 mit einer Kursänderung von 40° zu einem Echoknick von maximal 20° führen.

Also: Auch Lösung L1 ist für die Maßgaben nach Regel 8 zu knapp bemessen. Die seemännisch bessere Lösung wäre eine Kursänderung nach Steuerbord über die Peilung des Gegners hinaus, so dass für den Gegner ein klarer Lichterwechsel erkennbar wird, und dann kann man langsam nach Backbord aufkommen und auf das Heck des Fahrzeugs B zudrehen, bis man den alten Kurs von 330° wieder aufnehmen kann.

Auch an diesem Beispiel ist wieder erkennbar, dass jede Plottlösung nur eine mathematische Lösung ist, die immer wieder auf ihre Konformität mit der KVR und auf gute Seemannschaft hin überprüft werden muss.

CPA-Entwicklung bei Kursänderung

In allen bisherigen Aufgaben wurde stets von einer einfachen Begegnungssituation ausgegangen, wobei es galt, die Gegnerwerte zu ermitteln und ggf. einen Ausweichkurs zu errechnen.

Nunmehr soll nicht ein beliebiger Ausweichkurs errechnet werden, sondern es sollen für einen gewünschten Ausweichkurs die sich daraus ergebenden Passierwerte und der Echoknick ermittelt werden.
Oder anders ausgedrückt: Wie werden sich die Relativbewegung (Echobewegung) des Gegners und der Echoknick verhalten bzw. ändern, wenn wir unseren Kurs um einen bestimmten Wert ändern?
Wenn man sich einmal in die Praxis versetzt, so dürfte die Lösung kein Problem darstellen. Man stelle sich vor:
Wir befinden uns auf einer bestimmten Position, und der Gegner befindet sich in einer bestimmten Peilung von uns entfernt. Der Gegner setzt Kurs und Fahrt unverändert fort, und wir gehen auf unseren neuen Ausweichkurs. Dementsprechend werden sich die laufenden Peilungen (also die neue Relativbewegung) zwangsläufig ergeben. Es sind also alle Parameter festgelegt, und nun steht einer Rechnung auch nichts mehr im Wege.
Vergleichen Sie hierzu die folgende Beschreibung mit der Abbildung 51. Die Darstellung ist bewusst vereinfacht, da das Grundproblem der Ermittlung eines Ausweichkurses bereits im vorhergehenden Abschnitt erklärt wurde.

Lage: Eigenwerte: 340° – 9 Knoten.
Radarkontakte B1 und B2 des Gegners wie eingezeichnet.
Der Passierabstand ist praktisch Null. Der Kapitän befiehlt zum Zeitpunkt B2 eine Kursänderung nach Steuerbord um 55° auf rw 035° bei gleicher Fahrt.

Frage: Wie wird sich der Passierabstand auf Grund der Kursänderung von 55° nach Steuerbord entwickeln?
Wir tragen maßstabsgerecht für das entsprechende Plottintervall unseren Eigenschiffsvektor mit dem Endpunkt an der Relativbewegung von B am Punkt B1 an. Durch Verbinden des Anfangspunktes W unseres Eigenvektors mit B2 erhalten wir den absoluten Vektor B für das gewählte Plottintervall. Die Größe und die Richtung interessieren uns nur begrenzt in Bezug auf die Vorfahrtverhältnisse. Der Gegnerkurs ist 270°, wir sind also ausweichpflichtig. Zum Zeitpunkt B2 ändern wir unseren Kurs nach Steuerbord um den Winkel Alpha = 055° auf rw 035°. Wir zeichnen diese Kursänderung »alpha« sinnrichtig nach Stb. im Wegedreieck an dem Fußpunkt W unseres Eigenschiffsvektors als Winkel ein und schlagen mit der Länge unseres Eigenschiffsvektors einen Kreisbogen. Der Schnittpunkt des Kreisbogens mit dem Schenkel unseres neuen Kurswinkels ergibt die Länge bzw. den Endpunkt unseres neuen Eigenschiffsvektors A.

Die Fragestellung zu Beginn lautete: Wie wird sich der Passierabstand bei einer bestimmten Kursänderung »alpha« entwickeln?
Die Antwort ist leicht aus der Zeichnung zu entnehmen: Der Passierabstand wird fast eine Seemeile betragen. Im Prinzip ein ausreichender Passierabstand. Doch aus seemännischer Sicht und in Bezug auf die Forderungen der KVR nach einer deutlichen Kursänderung, die auch vom anderen Fahrzeug schnell erkennbar ist, müsste die Kursänderung so deutlich ausfallen, dass zumindest eine Lageänderung (Lichterwechsel) von Steuerbord auf Backbord stattfindet. Also auf einen Kurs von mindestens 45°. Anlässlich dieser Problematik stellt sich jedoch sofort die nächste Frage:
Wie würden sich die Passierabstände für andere mögliche Kursänderungen entwickeln?
Diese Frage soll anhand des nächsten ähnlich gelagerten Beispiels beantwortet werden.

Lage: Eigenes Fahrzeug Kurs 340°; Fahrt 10 Knoten
Radarortungen:
B1 um 12.07 Uhr in 044° – 4,3 sm
B2 um 12.19 Uhr in 040° – 2,0 sm

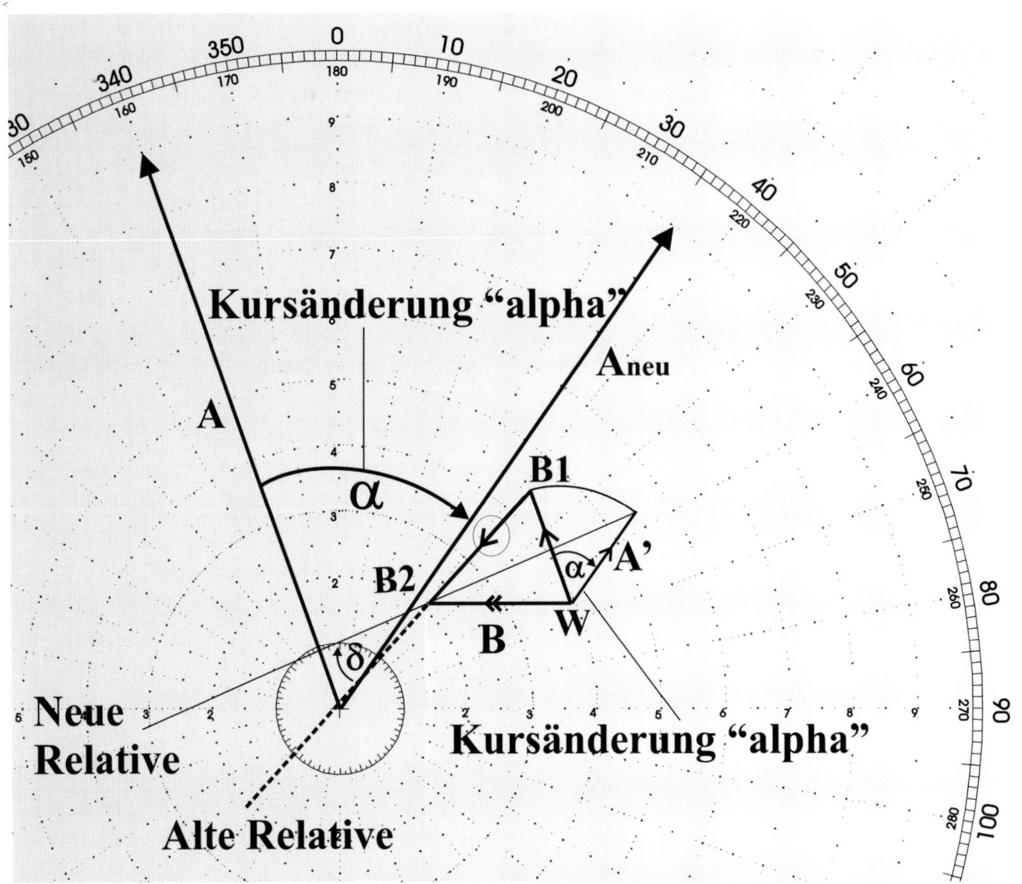

Abb. 51: Vorhersagedreieck zur Ermittlung eines Ausweichkurses.

Frage: Wie wären die Passierabstände bei den unterschiedlichsten Kursänderungen nach Steuerbord?

Als erste Maßnahme zeichnet man den Eigenschiffsvektor A (Maßstab 1:2) ein. Dann werden die Radarortungen B1 und B2 eingetragen und über den Mittelpunkt hinaus verlängert. Der CPA von 0,1 sm ist dem Kapitän zu gering. Es soll bei gleichbleibender Fahrt eine hinreichende Kursänderung nach Steuerbord vorgenommen werden.

Damit ergibt sich die Frage: Wie groß sollte man die Kursänderung ausfallen lassen? Man muss sich also eine Palette mehrerer Lösungen erarbeiten, aus denen ausgewählt werden kann.

Zu diesem Zwecke wird unser Eigenschiffsvektor in der Größe des Plottintervalls von 12 Minuten am Ortungspunkt B1 angetragen. Der Anfangspunkt des Eigenschiffsvektors wird zum Zwecke der einfacheren Erklärung mit dem Buchstaben »W« bezeichnet.

Die Verbindung von »W« mit B2 ergibt den absoluten Kurs- und Fahrtvektor W-B2 des Fahrzeuges B im 12-Minuten Dreieck der »Lösung am Gegner«.

Soll jetzt bei gleichbleibender Fahrt eine Kursänderung vorgenommen und dafür dann die

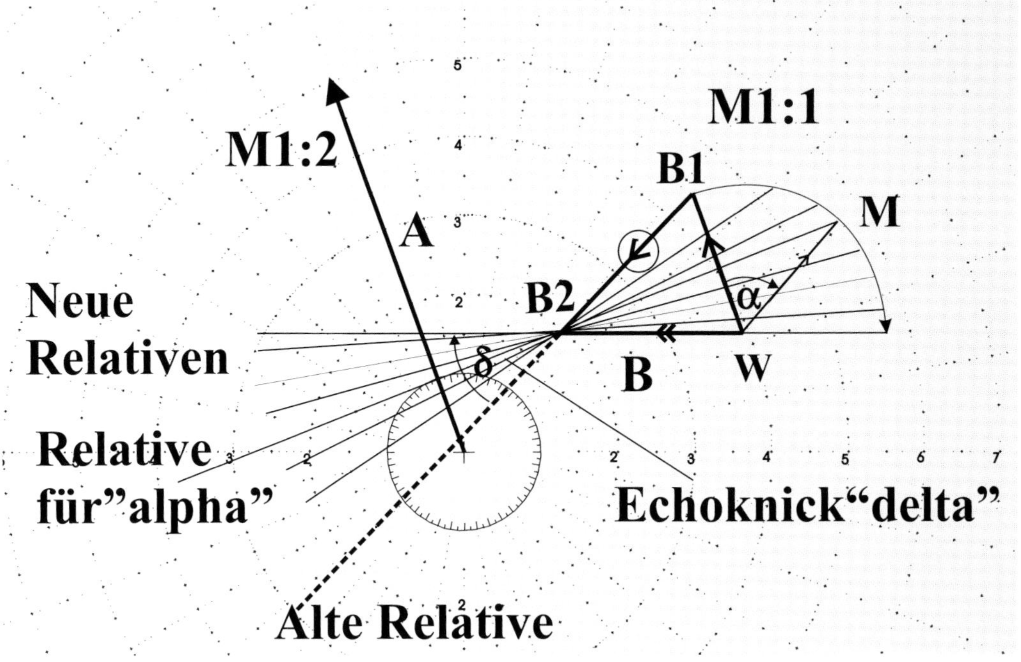

Abb. 52: Vorhersagedreieck für den CPA bei Kursänderungen.

neue Relativbewegung ermittelt werden, so wird um den Punkt »W« mit der Länge W-B1 (Eigenschiffsvektor) ein Kreisbogen geschlagen. Jeder Punkt auf diesem Kreisbogen (genannt »M«) kann nun mit dem Punkt »W« verbunden werden und ergibt einen möglichen neuen Ausweichkurs (Vektor W–M). Die dazugehörige neue Relativbewegung ist die Verbindung des betreffenden Punktes »M« auf dem Kreisbogen mit dem Ortungspunkt B2. Die Verlängerung darüber hinaus gibt uns den Passierabstand.

Insgesamt erhalten wir somit auf einfache Art ein ganzes Bündel von möglichen Kursen und dazugehörigen Relativbewegungen. Es kann je nach Geschmack frei ausgewählt werden. In der Abbildung 52 wurde als Beispiel die Kursänderung um den Wert »alpha« gewählt. Die Gerade vom Punkt »M« über den Ortungspunkt B2 ergibt die dazugehörige neue Relativbewegung. Außerdem ist in der Abbildung deutlich der dazugehörige Echoknick »delta« erkennbar.

Kursänderung, Auswirkungen auf mehrere Gegner

In den bisherigen Kapiteln wurde erklärt, wie nach unterschiedlichen Methoden aus den Radarechos gefährliche Annäherungen erkannt, Passierabstände ermittelt, die Kurs- und Fahrtwerte der Fahrzeuge festgestellt und Ausweichkurse geometrisch errechnet werden können. Darüber hinaus wurde ausgeführt, wie mit Hilfe der Relativbewegung und des Echoknicks der Erfolg der Ausweichmanöver überprüft werden kann. An dieser Stelle war in den Sechziger Jahren mit Ausnahme einiger Sonderfälle wie Stationierungen die militärisch sogenannte »Taktische Navigation« beendet. Die Regel 8 c) der KVR aber fordert, dass das eigene Fahrzeug durch eine Gegenmaßnahme nicht in den Nahbereich weiterer Fahrzeuge geraten darf. Diese Probleme des Zusammenspiels mit anderen Fahrzeugen, aber insbesondere die Ermittlung von Auswirkungen der Kursänderungen auf andere Fahrzeuge war dann der Zielverfolgung auf einem großen Trueplot auf Koppeltischen und zusätzlich einer Summe von Einzelfallberechnungen überlassen. In der Zwischenzeit wurde (außer ARPA) eine einfache Methode entwickelt, wie man für den Fall einer Kursänderung schnell die daraus resultierenden Auswirkungen auf die Relativbewegungen der anderen Fahrzeuge ermitteln kann. Diese Methode soll im Folgenden vorgestellt werden.

Das Prinzip ist ganz einfach. Anstatt für jedes Ziel ein Wegedreieck für die derzeitige Situation und dann für jedes Fahrzeug ein Vorhersagedreieck für die neue Kurs-Situation zu zeichnen, wird die derzeitige Situation von Eigenschiffsvektor und Relativ-Vektor der Ziele genommen und um die sich aus der Kursänderung ergebende Änderung korrigiert. Dieser Korrekturwert wird bezeichnet als Differenzvektor »d«. Im Einzelnen sieht das Verfahren wie folgt aus:

Zunächst einmal geht man aus vom Lagebild auf der Basis des Verfahrens »Lösung am Gegner«. Siehe hierzu Abbildung 53.

Derzeitige Lage:
Eigenes Fahrzeug: KA = 020°; vA = 16 Knoten

CPA mit Gegner B in 333° – 0,3 sm.

Kursänderung »alpha« = 50°; KA neu = 070°

Außer dem eigenen Fahrzeug finden wir drei weitere Fahrzeuge B, C und D mit ihren Relativbewegungen B1–B2, C1–C2 und D1–D2 vor. Zur Kennzeichnung der Relativbewegungen der Fahrzeuge B, C und D sind die Großbuchstaben nach DIN mit einem kleinen »r« versehen.

Der Eigenschiffsvektor ausgehend vom Mittelpunkt wurde im Maßstab 1:2 eingetragen. Sämtliche anderen Darstellungen wurden im Maßstab 1:1 vorgenommen. Das dargestellte Plottintervall beträgt für alle Fahrzeuge 12 Minuten. Alle Ortungen wurden zu denselben Zeiten vorgenommen.

Da der Passierabstand (CPA) des Fahrzeuges B zu gering ist und das Fahrzeug B Vorfahrt hat, ist beabsichtigt, zum Zeitpunkt der nächsten Ortung (Ortung B2) die geplante Kursänderung von 50° nach Steuerbord vorzunehmen. Der daraus resultierende CPA für B ist noch nicht errechnet, dürfte dann aber völlig ausreichen.

Die Frage ist, wie sich die Passierabstände aller Fahrzeuge in Anbetracht unserer Kursänderung entwickeln werden?

Wie bereits oben erwähnt, soll zur Vereinfachung der sich für die Kursänderung von 020° auf 070° ergebende Differenzvektor errechnet und verwendet werden. Das heißt mit anderen Worten, es soll der vektorielle Änderungswert ermittelt werden (Richtung und Stärke), der für alle Relativbewegungen eine einfache geometrische Konstruktion der neuen Relativbewegung ermöglicht.

Dieser Vektor kann auf zwei unterschiedliche aber prinzipiell gleiche Arten gefunden werden (siehe Abb. 53):

Ermittlung Differenzvektor über das Vorhersagedreieck zum Fahrzeug B

Man trägt am Eigenschiffsvektor sinnrichtig (nach Stb.) den Winkel der Kursänderung »alpha« an und trägt auf dem Schenkel dieses Winkels (z.B. Kreisbogen mit dem Zirkel) die Länge des Eigenschiffsvektors für das Plottintervall (hier 12 Min.) ab. Den so erhaltenen Punkt bezeichnen wir nach dem englischen System mit M (Definition: M-Punkt = »Manœuvre, course altered«), da nach DIN keine Be-

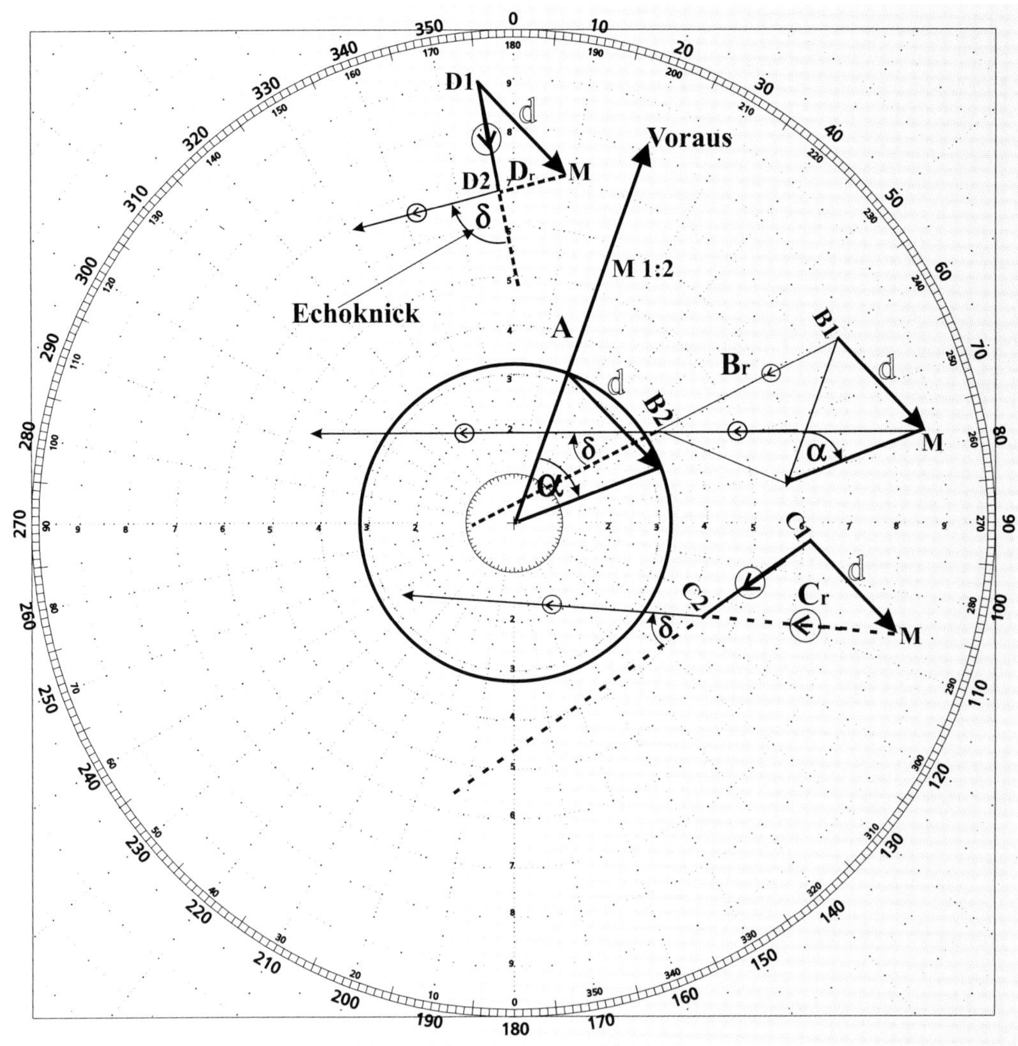

Abb. 53: Auswirkungen einer Kursänderung auf andere Fahrzeuge.

zeichnung vorliegt . Neuer Ausgangspunkt im Vorhersagedreieck für die neue Relativbewegung des »manövrierenden« Gegners). Der Vektor B1–M in diesem Vektordreieck ist der gesuchte Differenzvektor »d«.

Ermittlung Differenzvektor im Bildmittelpunkt

Man trägt den Eigenschiffsvektor A ein. Dann zeichnet man um den Mittelpunkt mit der 12-Minuten-Länge der eigenen Geschwindigkeit (in unserem Fall bei 16 Knoten Eigenfahrt also Radius 3,2 sm) einen Kreis. Dann trägt man vom Mittelpunkt ausgehend den neuen eigenen Kurs ein (in unserem Fall 020° plus den Winkel »alpha« der Kursänderung ergibt KA neu = 070°). Die Schnittpunkte der beiden Kurslinien mit dem 12-Minuten-Kreis werden miteinander verbunden und ergeben den Differenzvektor »d«.

Nachdem der Differenzvektor »d« ermittelt worden ist, kann er nun bei jedem der Radarechos am ersten Ortungspunkt (B1, C1, D1) als Korrekturvektor angebracht werden. Die Verbindungsgerade vom Punkt M über den zweiten Ortungspunkt B2, C2 bzw. D2 hinaus ergibt die neue Relativbewegung und damit den neuen Passierabstand der unterschiedlichen Ziele.
Voraussetzung für eine korrekte Berechnung nach dieser Methode ist jedoch, dass das Plottintervall für alle Fahrzeuge dasselbe ist (z.B. 12 Minuten).

Bewertung des Verfahrens »Lösung am Gegner«

Zur Bewertung des Verfahrens insbesondere für uns als Sportbootfahrer erscheint es zweckmäßig, darauf hinzuweisen, dass auf Sportbooten die Radarbildschirme maximal 17« Durchmesser haben, in der Mehrzahl aber kleiner sind. Das heißt, dass die Radarbilder oftmals nicht größer sind als die Grafiken dieses Buches. Daher ergeben sich fast immer Probleme bezüglich ausreichender Zeichengenauigkeit, wollte man nach dem Verfahren »Lösung am Gegner« mit einem Filzstift oder Fettstift direkt auf dem Bildschirm plotten. In der Vergangenheit, als es noch kein ARPA gab, wurde dieses Verfahren auf größeren Bildschirmen insbesondere auf Folien und Plotaufsätzen häufig angewendet und wird wohl deswegen heute oftmals noch empfohlen.
Probleme hinreichender Deutlichkeit erwachsen darüber hinaus aus der Tatsache, dass Sportboote wie Segelyachten nicht allzu schnell fahren. Bei 6 Knoten Fahrt ist der Eigenschiffsvektor im 6-Minuten-Dreieck beim normalen Maßstab von 1:1 eben nur 0,6 Einheiten lang und der verfügbare Platz nicht einmal ausreichend für die Richtungspfeile. Der Ausweg wäre, einen kleineren vergrößernden Maßstab zu wählen. Es stellt sich nur die Frage, ob man dann nicht einen weiteren Kompromiss eingeht, indem man zwar das Wegedreieck als »Lösung am Gegner« zeichnet, auf dieser Basis eine Grobauswertung macht und dann für das Vorhersagedreieck das Stundendreieck verwendet.
Eindeutig überlegen ist die Methode »Lösung am Gegner«, wenn es darum geht, in kürzester Zeit die Auswirkungen einer eigenen Kursänderung auf eine Reihe anderer Fahrzeuge zu ermitteln.
Wie im wirklichen Leben, gibt es aber keine Ideallösung für alle Probleme. So ist es letztlich alles eine Frage des persönlichen »Geschmacks«, und jeder sollte sich für seine zukünftige Praxis für nur eine einzige Vorgehensweise entscheiden und ausschließlich diese dann einüben.
Um dem Leser die Problematik von Größe und Genauigkeit der Darstellung als auch den oben erwähnten Kompromiss zu verdeutlichen, ist in der folgenden Grafik nochmals das vorletzte Beispiel nach beiden Verfahren (»Lösung am Gegner« und Stundendreieck) nebeneinander dargestellt. Man bedenke, dass die Eigenfahrt 14 Knoten beträgt, was zu ganz respektablen Relativwerten führt, während bei einer Segelyacht mit 5–6 Knoten Fahrt die Relativwerte auf Grund des geringeren Eigenanteils auch entsprechend schrumpfen.
Man erkennt deutlich die Größenunterschiede und damit die Genauigkeitsunterschiede zwischen beiden Methoden. Eine generelle und eindeutige Bewertung des Verfahrens »Lösung am Gegner« gegenüber den anderen Verfahren ist aber nicht möglich. Es muss vielmehr festgestellt werden, dass in bestimmten Teilbereichen jedes Verfahren seine speziellen Vorzüge hat. Daher ist es meines Erachtens sinnvoll, dem Leser jedes Verfahren mit seinen Vor- und Nachteilen vorzustellen.

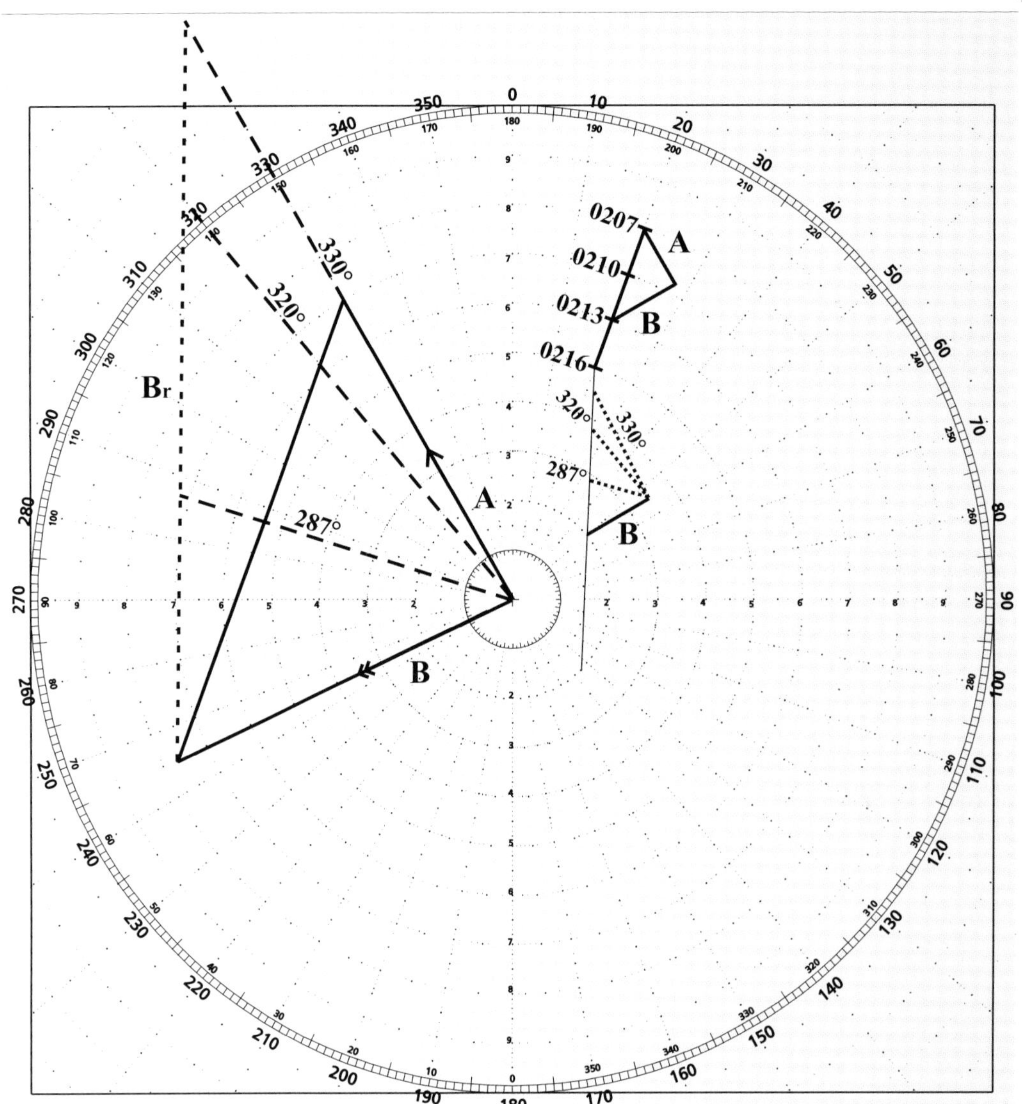

Abb. 54: Vorhersagedreieck zum Vergleich der beiden Methoden »Stundendreieck« und »Lösung am Gegner«.

Weitere Lösungsmöglichkeiten

Das Plotten als Trueplot und die Relativplots als Stundendreieck und als Lösung am Gegner waren in allen Marinen und bei der Handelsschifffahrt bis zur Einführung der Datenverarbeitung die Standardmethoden zur Ermittlung der erforderlichen Gegnerwerte und der Manöver zur Kollisionsverhütung. Im Laufe dieser Zeit wurde immer wieder versucht, mit einfacheren Mitteln und schneller insbesondere die Gegnerkurs- und fahrtwerte zu ermitteln. Die Ergebnisse dieser Entwicklungen waren größere Radarbildschirme, auf denen direkt mit Fettstiften oder Filzstiften geplottet werden konnte, oder Bildschirme mit speziellen reflektierenden Plottaufsätzen, sowie die Verwendung von Plottfolien und Plottspinnen auf den Bildschirmen. Zweifelsohne haben manche Profis es damals zu erstaunlichen Auswertefertigkeiten mit Hilfe dieser Plotthilfen gebracht. Insofern ist es nicht verwunderlich, dass diese Plotttechniken auch heute noch nicht ganz verschwunden sind, sondern von Zeit zu Zeit auch in Fachzeitschriften in abgewandelter Form vorgestellt werden. Auf den ersten Blick erscheinen diese Methoden gegenüber den obigen Standardmethoden erstaunlich praktisch und einfach. Im Allgemeinen aber wird man feststellen, dass:

- unsere heutigen Radarbildschirme für Plotaufsätze nicht eingerichtet sind
- unsere Bildschirme zu klein sind, um vernünftige Darstellungen im 3-Minuten- und im 6-Minuten-Intervall zu ermöglichen
- unsere Sportbootgeschwindigkeit auf unseren Bildschirmen im 3-Minuten- und im 6-Minuten-Intervall zu kurze Eigenschiffs-Vektoren für eine hinreichend genaue Auswertung ergibt.

Konsequenzen für die Praxis

Überall dort, wo ein großer Bildschirm vorhanden ist und die eigene und die Gegnerfahrt zu deutlichen Vektorlängen führen, können hinreichend genaue Vektorendreiecke gezeichnet werden. Insofern könnte sich der Versuch des Plottens mit Filz- oder Fettstift direkt auf dem Bildschirm nach der Methode »Lösung am Gegner« lohnen.

Nach den Erfahrungen des Verfassers ist für Sportbootfahrer in den meisten Fällen jedoch das Plotten im Stundendreieck das beste Verfahren.

Noch besser jedoch ist ein modernes Radar mit automatisierter Plott-Unterstützung. Mehr zu diesem Thema im Kapitel 8.

7 Kollisionsverhütungs- und Plottempfehlungen

Allgemeines

Das Radar ist nicht nur bei verminderter Sicht, sondern immer dann als Ausguckmittel einzusetzen, wenn:

- die Rundumsicht nicht gewährleistet ist (verminderte Sicht oder tief stehende Sonne)
- die Situation um das Schiff unübersichtlich ist (z.B. Pulk von Fischern, schlecht beleuchtete Bohrinseln, große Verkehrsdichte)
- die optisch zu erlangenden Informationen nicht ausreichend sind (Unterstützung beim Auffinden und Identifizieren von Objekten – z. B. Tonnen und Hafeneinfahrten –, Ermittlung Peilung und Abstand zum Plotten).

Regel 7(b) verlangt das Plotten von Radarkontakten, wenn die Gefahr einer Kollision bzw. einer Nahbereichslage besteht.
Die genaue Kenntnis des Gegnerkurses ist jedoch auch bei Radarfahrt nur in den seltensten Fällen notwendig. In der Regel reicht es, wie beim Fahren nach optischer Sicht zur Nahbereichsmeidung und Kollisionsverhütung, dass der Gegnerkurs angenähert ermittelt wird (20° bis 30° genau ist ausreichend). Die grobe Ermittlung des CPA und TCPA sowie die Deutung des Relativ-Bildes haben Vorrang. Absolute Werte sind auch hier erst in zweiter Linie wichtig.
Eine gefährliche Annäherung ist wegen eventueller Ungenauigkeiten des Kurses, des Messens oder der Ungewissheit über das Verhalten des Gegners auch dann anzunehmen, wenn die Relativbewegung in einem geringen Abstand am eigenen Fahrzeug vorbeiführt. Schnelle Annäherungen erhöhen die Gefahren.

Deutung des Radarbildes

Allgemeine Faustregeln für nordstabilisiertes Radarbild:

- Bei stehender Peilung oder kreuzenden Kursen im vorlichen Bereich (1. oder 4. Quadrant) verläuft der wirkliche Gegnerkurs stets zur gleichen Seite wie die kreuzende Relativbewegung, jedoch vorlicher als diese.
- Schneidet die Gegnerrelative achteraus, ist eine eindeutige Gegnerlagebestimmung allein aus der Bildauswertung nicht mit Sicherheit möglich.
- Echos, die sich der eigenen Kurslinie gefährlich nähern von:
  vorlicher als 68°
  = Kurskreuzer oder Überholer
  68° bis 112° Seitenpeilung
  = Kurskreuzer
  achterlicher als 112° = Überholer
- Echos, die den gleichen Abstand behalten, sind gleichschnelle Mitläufer.
- Festliegende Objekte erscheinen wie sehr langsame Mitläufer auf Parallelkurs.
- Echos, die sich in Achterausrichtung bewegen mit geringerer Fahrt als der Eigenfahrt, sind langsamere Mitläufer.
- Echos, die sich auf Parallelkurs schnell annähern sind Gegenkommer.

- Eine lange Gegnerrelative bedeutet, dass der absolute Gegnerkurs in Richtung zu seiner Relativen hin tendiert.
- Eine kurze Gegnerrelative bedeutet, dass der Gegnerkurs mehr zur Richtung unseres eigenen Kurses hin tendiert.
- Der wirkliche Kurs eines Zieles ist auch an seiner Bewegung gegenüber ortsfesten Objekten festzustellen. Die Nutzung der »Free Electronic Bearing Line« (FEBL) als parallele Bewegungslinie gibt gute Anhaltswerte.

Auswirkungen eigener Manöver

Naturgemäß eignet sich diese Thematik besonders gut für mathematische Betrachtungen der verschiedensten Möglichkeiten von Begegnungssituationen, verteilt über alle vier Quadranten der Kompassrose. Da für die Praxis die mathematische Herleitung und Begründung möglicher Manöver jedoch zweitrangig ist, werden hier nur die für die praktische Seefahrt wesentlichen Erkenntnisse wieder gegeben.
Im Kapitel »Relativ-Plottverfahren auf der Koppelspinne« wurde bereits nachgewiesen, dass die Auswirkung einer eigenen Kursänderung auf dem gegnerischen Radarbild mit maximal der Hälfte des Änderungswertes erkennbar wird. Letzteres ist der Fall, wenn beide Fahrzeuge mit gleicher Geschwindigkeit laufen. Im Falle einer Begegnungssituation Handelsschiff-Sportboot fallen die Geschwindigkeitsrelationen jedoch höchstens 2:1 (Motorboot) oder 3:1 (Segelyacht) aus. Wie aus dem Beispiel in Abbildung 48 erkennbar ist, beträgt bei einer Kursänderung von 30° der Echoknick auf dem gegnerischen Radarbild nur 7° im Falle des Motorbootes bzw. nur 3° für die Segelyacht.

Merke

- Ein Echoknick (Kursänderung der Relativbewegung) von weniger als 20° ist auf dem Radarbild nicht ausreichend schnell erkennbar.[12]
- Kursänderungen eines Sportbootes sind auf dem Bildschirm eines Handelsschiffes erst sehr langsam erkennbar.
- Kursänderungen eines Handelsschiffes sind auf dem Bildschirm eines langsamen Sportbootes dagegen sehr schnell erkennbar.

Bei Kursänderungen ist die Wirkung auf die Relativbewegung auch abhängig von der Bewegungsrichtung des Echos.
Bewegt sich das Echo in achterliche Richtung, dann bewirkt:

- eine Stb.-Kursänderung eine Ablenkung rechtsherum
- eine Bb.-Kursänderung eine Ablenkung linksherum.

Bewegt sich das Echo in vorliche Richtung, dann bewirkt:

- eine Stb.-Kursänderung eine Ablenkung linksherum
- eine Bb.-Kursänderung eine Ablenkung rechtsherum.

Kursänderungen wirken sich umso stärker aus, je spitzer die Kurse vom eigenen Schiff und dem Gegner zueinander liegen. Bei Fahrtänderungen ist es umgekehrt. Das heißt, je mehr das Ziel von vorn oder von achtern kommt, umso geringer die Wirkung von Fahrtänderungen. Bei Fahrzeugen, die sich von querab +/- 30° dem Nahbereich nähern, führt die Fahrtreduzierung in der Regel zu guten Ergebnissen.

12) DGON. »Radar in der Schifffahrtspraxis«.

Geschwindigkeitsänderungen wirken sich bezogen auf den eigenen Kurs wie folgt aus:

- Bei Fahrterhöhung wird die Relativbewegung nach hinten abgelenkt.
- Bei Fahrtverminderung wird die Relativbewegung nach vorne abgelenkt.

Bei gleichzeitiger Kurs- und Fahrtänderung ist äußerste Vorsicht geboten. Die Wirkung einer derartigen kombinierten Maßnahme hängt davon ab, in welchem Maße sich die Einzelwirkungen (Kursänderung bzw. Fahrtänderung) auf den Gesamtaspekt der Annäherung verhalten. So könnten sich die Einzelwirkungen positiv ergänzen oder auch gegenseitig aufheben bzw. vermindern.

Verhalten bei verminderter Sicht.

Zum Verhalten bei verminderter Sicht kann gar nicht oft genug gesagt werden, dass Segelyachten keine grundsätzliche Vorfahrt gegenüber anderen Fahrzeugen haben, sondern nur einer unter »Gleichen« sind. Seitens der Handelsschifffahrt wird bei verminderter Sicht das Handeln von der Lage am ARPA-Radar bestimmt. Wer nicht erkannt wird, läuft Gefahr, »übergemangelt« zu werden. Wer auf dem Radar erkannt wird, weil er vielleicht einen guten Radarreflektor hat, wird zunächst für ein Fahrzeug mit Maschinenantrieb und Radar gehalten, welches sich regelgerecht verhält und den Nahbereich möglichst meiden wird. Erst im zweiten Anlauf, ggf. erst wenn wir keine Reaktion zeigen, wird dann erkannt, dass unser Sportboot möglicherweise ein anderes langsames Fahrzeug sein könnte. So kann sich u. U. insbesondere auf betonnten Wegen schon eine bedrohliche Annäherung ergeben haben. Halten Sie sich im freien Seeraum am besten von den Routen der Handelsschifffahrt fern.

Bei verminderter Sicht im Bereich küstennaher Reviere sollte man sich als Sportbootfahrer mit Radar immer an die Fahrwasser halten und absolut korrekt fahren. Das sollte mit der Rolle »Nebelfahrt« (»Blind Piloting«) mit einem kundigen Radarbeobachter durchaus möglich sein. Falls diesbezüglich Probleme bestehen, sollte man von der Revierzentrale Radarunterstützung anfordern. In jedem Fall sollte der Revierfunk ständig mitgehört werden, damit die Erkennung der Berufsschifffahrt erleichtert wird. Außerdem sollte der Skipper sich gegenüber der Revierzentrale identifizieren und ihr seine Absichten mitteilen.

Ein Fahrzeug, das ein anderes Fahrzeug lediglich mit Radar ortet, muss ermitteln, ob sich eine Nahbereichslage ergibt. Das wird dann der Fall sein, wenn die Ortungen außerhalb des Nahbereichs eine relative Bewegung ergeben, die den Nahbereich schneidet.

Steht die Echoanzeige so dicht vor dem Nahbereich, dass er nicht mehr gemieden werden kann, so dürfen derartige Versuche nicht mehr unternommen werden. Es ist nach Regel 19 e) zu verfahren. Die Fahrt ist auf das für die Steuerfähigkeit geringst mögliche Maß zu verringern. Erforderlichenfalls muss jegliche Fahrt weggenommen werden. In jedem Falle ist mit äußerster Vorsicht zu manövrieren, bis die Gefahr des Zusammenstoßes vorüber ist.

Lassen Kurs, Geschwindigkeit und relative Bewegung sowie der Abstand der Ortung vom Nahbereich es zu, dass das Eindringen des Echos in den Nahbereich noch vermieden werden kann, so müssen von beiden Seiten Gegenmaßnahmen ergriffen werden.

Dabei ist Folgendes zu beachten:

- Segelboote haben bei verminderter Sicht keine Vorfahrt gegenüber Motorfahrzeugen.

- Sind beide Schiffe Radarschiffe, müssen beide Fahrzeuge Gegenmaßnahmen ergreifen (bei opt. Sicht ist das anders).
- Gegenmaßnahmen auf Grund unzulänglicher Radarbeobachtung sind unzulässig (7 c).
- Gegenmaßnahmen müssen durchgreifend (8 c) und so groß sein, dass sie vom Gegner durch Radar schnell erkannt werden (8 b).
- Gegenmaßnahmen dürfen nicht in den Nahbereich eines anderen Fahrzeugs führen (8 c).
- »Ein Manöver zur Vermeidung einer Kollision mit einem anderen Fahrzeug muss zu einem sicheren Passierabstand führen. Die Wirksamkeit des Manövers muss sorgfältig überprüft werden, bis das andere Fahrzeug endgültig vorbei und klar ist« (Regel 8 d).
- Gegenmaßnahmen müssen so groß bemessen sein, dass sie allein den Nahbereich vermeiden. Selbst wenn beide Fahrzeuge Gegenmaßnahmen zu ergreifen haben, darf nie mit einem unterstützenden Manöver des Gegners gerechnet werden.
- Die Gegenmaßnahme muss frühzeitig getroffen werden (19 d). Der späteste Zeitpunkt ist der Moment, der noch gewährleistet, den Nahbereich zu vermeiden und den Erfolg der Gegenmaßnahme zu kontrollieren.
- Kursänderungen nach Backbord sind zu vermeiden (Regel 19, verminderte Sicht).

Je mehr man sich mit diesen Regeln beschäftigt, umso deutlicher wird, wie wohl durchdacht und sicher sie trotz ihrer Einfachheit sind. Besonders deutlich wird es, wenn man sich einmal für die mathematische Seite der unterschiedlichsten Begegnungssituationen interessiert.[13] Dann kommt man sehr schnell zu dem Urteil, dass es bei *richtiger Fahrweise* nicht zu gefährlichen *kritischen Kursänderungen*[14] gegenüber Fahrzeugen kommen kann, die sich aus dem 1. bis 3. Quadranten dem eigenen Nahbereich nähern, denn derartige Kursänderungen sind nach den Maßgaben der Regel 19 ohnehin zu vermeiden.
Die einzige Möglichkeit, in der man eine **kritische Kursänderung** produzieren kann, besteht bei einer Annäherung eines Fahrzeugs aus dem 4. Quadranten, wenn das eigene Ausweichmanöver gleichzeitig aus einer Kurs- und Fahrtänderung besteht.

Konsequenzen für die Praxis

- Gegenüber Fahrzeugen, die sich im 1.Quadranten auf Nahbereichskurs befinden, muss in jedem Falle ein Ausweichmanöver nach Steuerbord gefahren werden. Dieses Manöver führt bei regelgerechtem Verhalten beider Fahrzeuge zu einem sicheren Passierabstand.
- Gegenüber Fahrzeugen, die sich im 4. Quadranten auf Nahbereichskurs befinden, muss ebenfalls ein Ausweichmanöver nach Steuerbord gefahren werden. Hierzu muss jedoch warnend gesagt werden, dass in diesem Falle das Manöver zu den sogenannten »kritischen Kursänderungen« gehört. Siehe hierzu Abbildung 56: Kollisionsgefahr bei Kurs- und Fahrtänderung gleichzeitig.

Wir alle wissen, dass sich Unfälle leider nicht völlig ausschließen lassen. Nun folgt ein interessantes Beispiel, das zeigt, wie es bei allseits

13) Details siehe: DGON. »Radar in der Schifffahrtpraxis« 1980.
14) Fachbegriff; siehe: DGON.

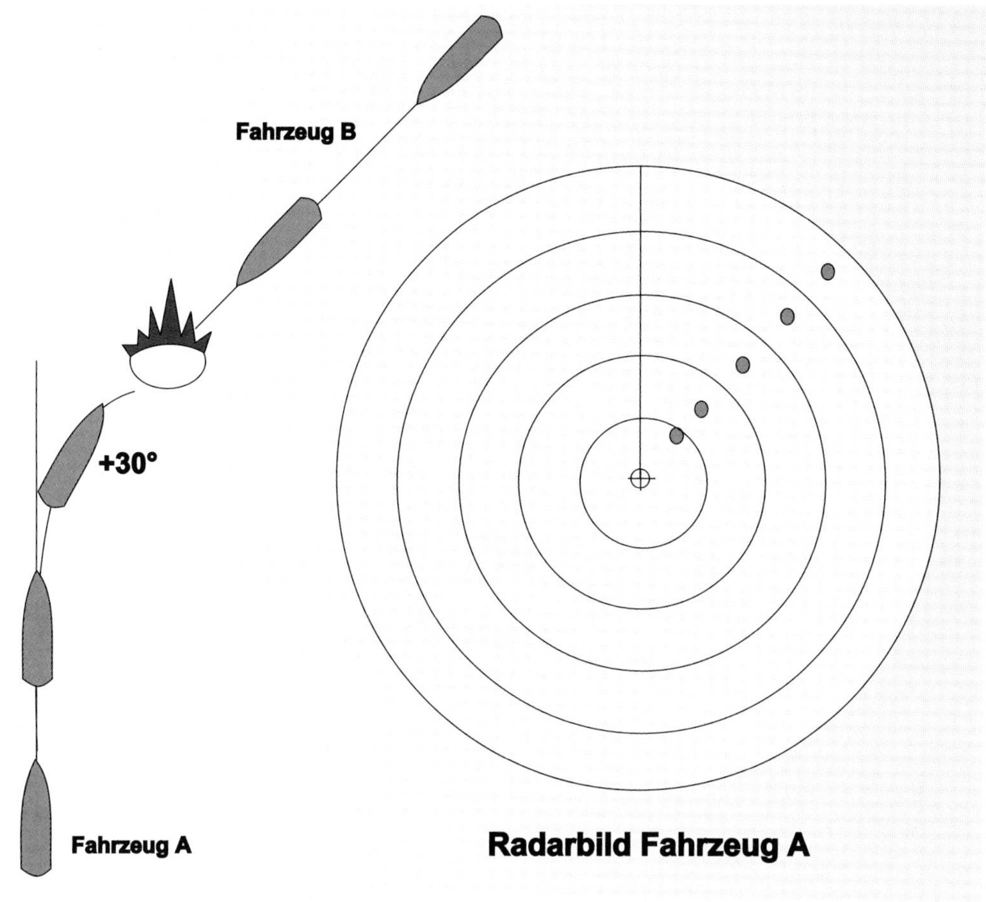

Abb. 55: *Die Radarfalle – Kollision trotz vermeintlich korrektem Verhalten.*

vermeintlich korrekter Auslegung der Regel 19 trotzdem zur Kollision kommen kann.[15]

Beispiel:
Es herrscht Nebel, kaum Wind und leichte Dünung. Das Fahrzeug A (GFK-Sportboot, eigenes Fahrzeug) fährt mit Radar und ortet den Gegner in ca. 45° RaSP. Im Prinzip wird auf A erwartet, dass auf beiden Fahrzeugen gemäß Regel 19 ein Stb.-Manöver durchgeführt wird. Insofern handelt es sich um eine Lehrbuch mäßige problemlose Begegnungssituation. Unser Skipper wartet noch etwas mit dem Manöver, da wir auf der Stelle drehen können. Fahrzeug B reagiert aber für uns unverständlicherweise überhaupt nicht. Vielleicht handelt es sich um ein Fahrzeug ohne Radar, oder man hat unsere »Plastikschüssel« nicht erkannt, weil wir keinen Radarreflektor haben. Schließlich führen wir eine Steuerbord-Kursänderung

15) Beispiel aus Palstek 4/98.

um 30° durch. Wenn auch etwas spät, aber nach dem Radarplott müsste uns der Kurs sicher am Fahrzeug B vorbei führen.
Genau in dem Augenblick hört man auf B unser Nebelsignal, und weil man dort nicht sofort weiß, woher es kommt, wird die Maschine gestoppt und dann versucht, mit »Rückwärts Langsame« die Fahrt aus dem Schiff zu nehmen. Insofern handelt Fahrzeug B absolut korrekt. Kurz darauf kommt es fast zur Kollision mit dem Fahrzeug B, einem Küstenmotorschiff.
Ursächlich für die so entstandene Situation ist, dass das Ausweichmanöver auf dem eigenen Fahrzeug A zu spät und viel zu knapp angelegt wurde. Ausweichmanöver müssen so angelegt werden, dass der Passierabstand mindestens 1, besser 2 Seemeilen beträgt (Regel 8; sicherer Passierabstand). Im vorliegenden Falle wurde durch das regelgerechte Aufstoppen von B die Wirkung des eigenen Stb.-Ausweichmanöver aufgehoben. Dadurch entstand endgültig die Krisensituation, die beinahe zur Kollision geführt hätte.
Ein weiteres Verschulden trifft das Fahrzeug A, weil es keinen leistungsfähigen Radarreflektor führte.

Erkenntnisse aus der Praxis

Wenn Sie eine stehende Peilung im Vorausbereich haben und die Kollisionsgefahr durch eine Kurs- *und* Geschwindigkeitsänderung gleichzeitig abwenden wollen, dann denken Sie immer an die folgenden Regeln:

Auf den Gegner zudrehen – gleichzeitig Geschwindigkeit herabsetzen.
Vom Gegner wegdrehen – gleichzeitig Geschwindigkeit erhöhen.

Merke:
Diese Regeln gelten nur für stehende Peilungen im Vorausbereich.

Vorsicht bei gleichzeitiger Kurs- und Fahrtänderung!
An dem folgenden Beispiel soll gezeigt werden, wie leicht durch eine Vermischung von Kurs- und Fahrtänderung gleichzeitig (unklare Maßnahme) ungewollt eine Kollision herbeigeführt werden kann.

Lage:
Fahrzeug A fährt KA = 360°; vA = 5 Knoten
Fahrzeug B fährt KB = 140°; vB = 10 Knoten
Weitere Details siehe Abbildung 56.

Es ist im Prinzip eine unproblematische Begegnungssituation. Die Vorfahrtverhältnisse sind eindeutig. Bei verminderter Sicht haben beide Fahrzeuge eine Kursänderung nach Steuerbord vorzunehmen, da sie einander vorlicher als querab peilen. Wenn von Fahrzeug A jetzt aber aus falsch verstandener Vorsicht nicht nur eine Kursänderung nach Steuerbord vorgenommen, sondern auch noch zusätzlich mit der Fahrt heruntergegangen wird, so lässt sich das Ergebnis auf der Abbildung leicht erkennen. Kursänderung nach Steuerbord auf 040° und Fahrtreduzierung auf 2,5 kn oder aber 070° und 2 Knoten oder aber 100° und 3 Knoten führen erst recht zur Kollision, denn die Relativbewegung von B bleibt unverändert.
Also: Kursänderungen und Fahrtreduzierungen gleichzeitig können einander aufheben und sind daher mit äußerster Vorsicht zu betrachten. Kursänderungen – wie oben beschrieben – laufen in der Fachwelt unter dem Begriff **kritische Kursänderungen**.[16]

16) Siehe: DGON. »Radar in der Schifffahrtspraxis«.

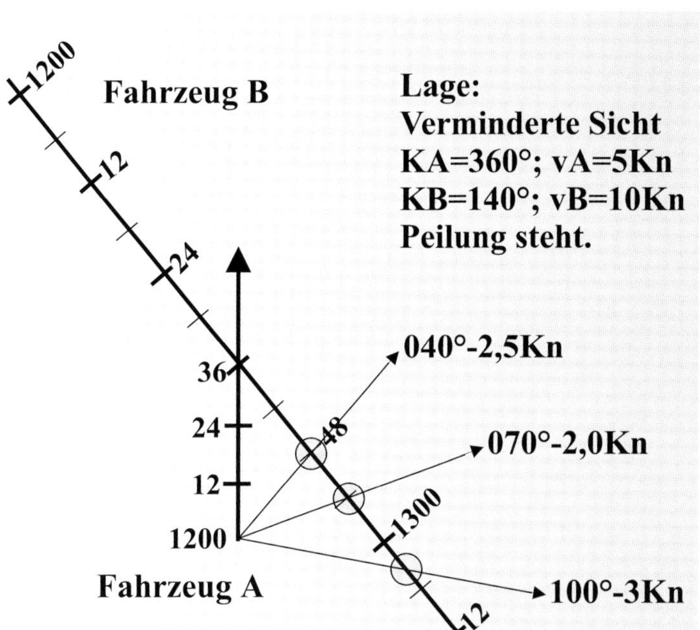

Abb. 56: Kollisionsgefahr bei gleichzeitiger Kurs- und Fahrtänderung.

Fahrtreduzierungen bei Begegnungssituationen *im vorlichen Bereich* führen nicht vom Gegner weg, sondern halten uns am Gegner.

Allgemeine Ausweichregeln

Der Grundgedanke aller Ausweichregeln und sonstigen diesbezüglichen Vorschriften in der Seefahrt ist immer wieder: Schaffen Sie rechtzeitig und durch großzügige und deutlich bemessene Maßnahmen klare Verhältnisse.

- Eine Kursänderung ist im Allgemeinen einer Fahrtänderung vorzuziehen. Deutliche Kursänderungen sind leichter erkennbar als Fahrtänderungen. Der Vektor (engl. »Leader«) des Radarkontaktes dreht sich bei Schiffen mit ARPA. Der WO des Gegners erwartet bei Kursänderungen genau das vom Ausweichpflichtigen.
- Eine Kursänderung sollte immer großzügig bemessen und so angelegt sein, dass das andere Fahrzeug sie schnell erkennt.
- Kursänderungen nach Bb. (KVR 19d i) und Kursänderung auf ein Fahrzeug zu, das querab oder achterlicher als querab ist, sollten vermieden werden (KVR 19d ii).
- Jedes Ausweichmanöver muss so bemessen sein, dass es für sich allein ausreicht, um zu einem sicheren Passierabstand zu führen (Regel 8).

Kursänderung nach Backbord oder »Kollision verursacht durch Radar«

Das Gesetz sagt ganz eindeutig, dass bei verminderter Sicht Kursänderungen nach Backbord zu vermeiden sind. Die Interpretation dieses Textes lässt keine Ausnahmen zu.
Dennoch werde ich immer wieder gefragt, ob man nicht trotzdem, wenn man sich noch weit

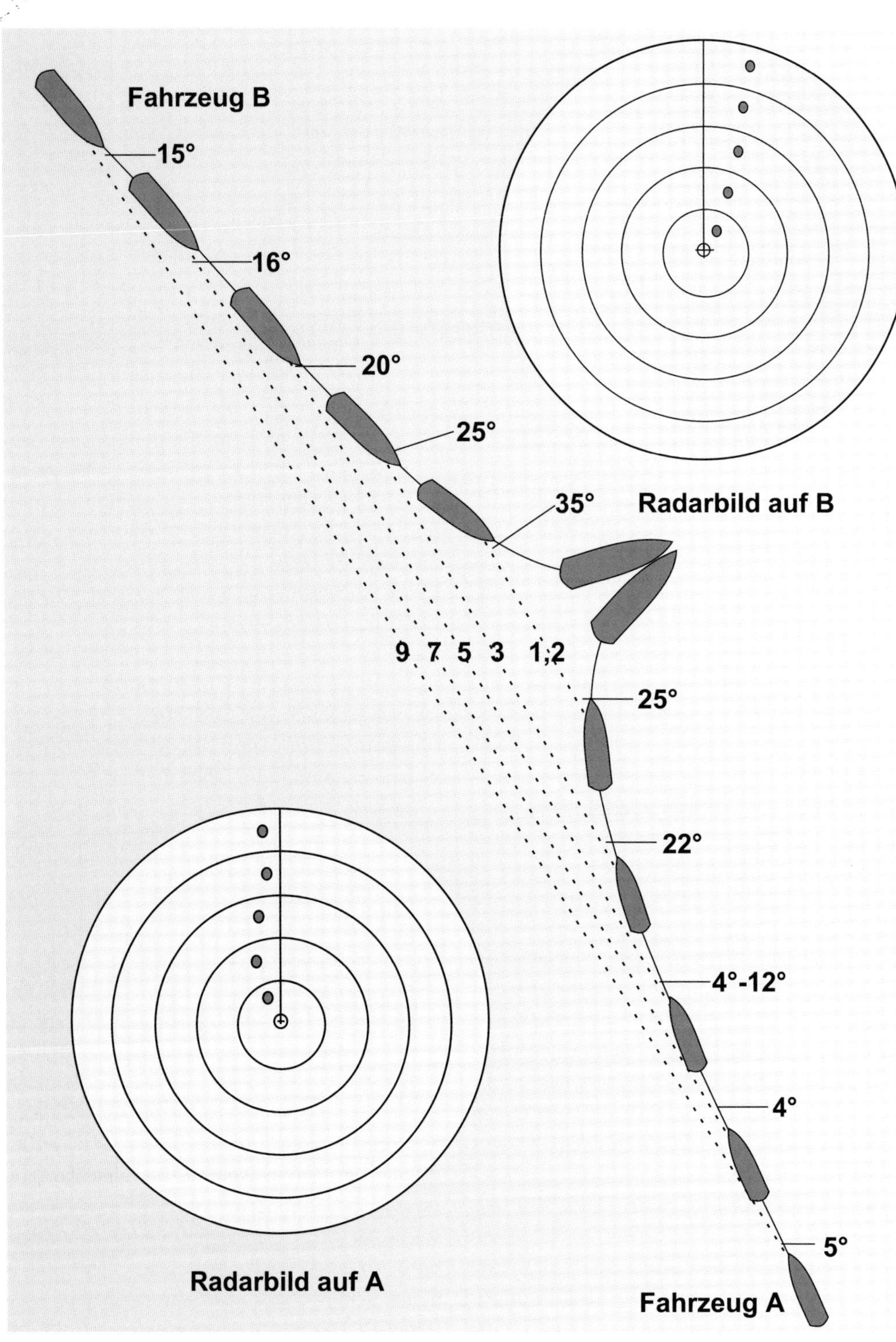

Abb. 57: Kollision wegen Backbord-Kursänderung.

außerhalb des Nahbereiches befindet, durch eine entschlossene Kursänderung nach Backbord die Kollisionslage bereinigen könnte.
Antwort: Nein, und man sollte es auch bei klarer Sicht vermeiden, obwohl es dann nicht verboten ist.
Begründung: Eine Kursänderung nach Backbord ist bei verminderter Sicht außer beim Überholen nicht zulässig. Sie darf nicht in ein Seegebiet führen, in das ein anderes Fahrzeug mit einer Stb.-Kursänderung laufen würde. Da außerhalb des Nahbereiches nach Regel 19 jedes Fahrzeug handeln muss, müssen sich die Manöver der sich einander nähernden Fahrzeuge positiv ergänzen. Die in der folgenden Abbildung dargestellte Bb.-Kursänderung des Fahrzeugs A würde die Wirkung der Stb.-Kursänderung des Fahrzeugs B aufheben.
Derartige Fälle waren früher, vor dem strikten Verbot der Bb.-Kursänderung bei verminderter Sicht, bekannt unter dem Begriff »Kollision durch Radar«.
Nehmen wir einmal an, es ist Nacht und klare Sicht. Zwei Fahrzeuge begegnen sich im freien Seeraum nahezu auf Gegenkurs. Der Kapitän von Fahrzeug A sieht das grüne Stb.-Seitenlicht von Fahrzeug B und schließt daraus, dass er Vorfahrt hat. Er hält also zunächst den Kurs durch. Der WO von Fahrzeug B erkennt umgekehrt, dass das andere Fahrzeug ihm das rote Bb.-Seitenlicht zeigt und schließt daraus, dass er ausweichen muss. Der Blick auf das Radar lässt beide Fahrzeuge erkennen, dass sie sich schnell annähern. Geht man von einer Geschwindigkeit von 20 Knoten für jedes Fahrzeug aus (Annäherungsgeschwindigkeit von 40 Knoten), so verbleiben bei einer Distanz von 9 sm gerade einmal 17 Min. bis zur Kollision.
Beide erkennen, dass es sich um eine Begegnungssituation aus spitzem Winkel handelt. Logischerweise würde eine relativ kleine Kursänderung ausreichen, um die Situation zu bereinigen. Der WO von Fahrzeug B sieht noch einmal auf das Radar, stellt fest, dass das andere Fahrzeug unverändert 16° an Steuerbord peilt und beschließt, um einen entsprechenden Betrag von 20° nach Backbord zu gehen. (Wir wissen aus dem vorherigen Kapitel, dass Kursänderungen sich auf dem gegnerischen Radar mit maximal der Hälfte des Änderungswertes auswirken). Der Kapitän von Fahrzeug A hält seinen Kurs bis auf eine Distanz zum Gegner von 5 sm durch, gleichbedeutend mit 7 Min. bis zur Kollision. Er sieht nochmals auf sein Radar und stellt fest, dass die Peilung zum Gegner unverändert steht. Er sieht sich die Lage noch einmal optisch von Oberdeck aus an und kann auch hier keine Veränderung feststellen. Daraufhin leitet er das Manöver des vorletzten Augenblicks ein und dreht um 20° nach Steuerbord ab. Der WO auf dem Fahrzeug B hat auch bemerkt, dass sein Backbord-Manöver auf dem Radar bisher keine echte Wirkung gezeigt hat und dreht weiter nach Backbord.
Ergebnis: Beide Manöver haben sich ungewollt ergänzt zur Kollision.

Konsequenzen für die Praxis

Kursänderungen nach Backbord sind nicht nur bei verminderter, sondern auch bei klarer Sicht zu vermeiden. Generell sind Kursänderungen großzügig zu bemessen.

Bei kleinen Seitenpeilungen an Bb. und Stb. sollte der Nahbereich durch eine Stb.-Kursänderung vermieden werden. Bei einer Fahrtreduzierung würde das eigene Fahrzeug in der Nähe des sich nähernden Gegners verbleiben. Die Kursänderung muss bei einem langsamen Sportboot so groß sein (mindestens 90°), dass sie auf den Bildschirmen anderer Schiffe ohne Probleme erkannt wird.

Außerdem gilt, dass bei Gegnern, die aus spitzem Winkel in den Nahbereich einlaufen (Seitenpeilungen von 315° über 0° bis 045°), das Wirksamste zur Vermeidung des Nahbereichs eine Kursänderung ist. Bei Gegnern aus größeren Seitenwinkeln ist jedoch eine Fahrtänderung zur Vermeidung des Nahbereichs wirksamer.

Nähert sich ein Schiff aus großer Seitenpeilung an Bb., muss durch Plotten geprüft werden, ob eine Stb.-Kursänderung erfolgreich ist. Die Kurslinie des anderen Schiffes muss in ausreichendem Abstand gekreuzt werden. Wenn das nicht möglich ist, kann nur die Fahrt (erheblich) reduziert werden.

Grundsätzlich gilt immer noch als guter seemännischer Brauch, als Ausweichpflichtiger hinter dem Heck anstatt vor dem Bug zu passieren. Aus Erfahrung hält der Verfasser dieses besonders empfehlenswert für Sportbootfahrer.

Im Nahbereich aber gelten die besonderen Regeln für diesen Bereich.

Ein Berufsseemann, der auch Wassersportler ist, hat seine Erfahrungen mit der seesegelnden Sportschifffahrt bei Nacht in folgenden Merksätzen zusammengefasst:

- Positionslaternen von Seglern werden gerade dann, wenn es kritisch wird, wegen der hohen Dampferbrücke unter dem Horizont, also 'im Wasser', gesehen. Das führt zu Fehleinschätzungen über den tatsächlichen Abstand.
- Die verhältnismäßig geringe Fahrt eines Segelbootes erfordert einen sehr geschulten Radarbeobachter, um schnell genug Kurs und Fahrt berechnen zu können. Man sollte sich nicht unbedingt darauf verlassen, dass auf allen Handelschiffen geschulte und erfahrene Radarbeobachter verfügbar sind.
- Die Verletzlichkeit von Segelbooten gegenüber Handelsschiffen entspricht ungefähr der von Fußgängern gegenüber Lastzügen.
- Unter allen Umständen sollte man als Sportbootfahrer versuchen, sich nachts von gekennzeichneten/betonnten Schifffahrtswegen freizuhalten. Auf keinen Fall aber sollte man »gegen den Strich« segeln.
- Kursänderungen bedeuten bei der Handelsschifffahrt Umwege, und die kosten Geld. Sie werden also so gering wie möglich gehalten. (Es soll bei der Großschifffahrt sogar Schiffe geben, auf denen bei unprogrammäßigen größeren Kursänderungen der Kapitän zumindest »gewahrschaut« werden muss).
- Kursänderungen von Sportbooten sollten so energisch durchgeführt werden, dass der andere merkt, was gemeint ist.
- Es muss bedacht werden, dass das Sportboot keine zwei Dampferlichter fährt, die auch kleinere Kursänderungen erkennbar machen. Im Zweifelsfall sind also Kursänderungen von weniger als 90° (das andere Fahrzeug muss einen Wechsel der Seitenlichter erkennen) in der Dunkelheit überhaupt nicht zu sehen. Bei nächtlichen Begegnungen sollte man besonders darauf achten, ob die Peilung zum vermeintlichen Kollisionspartner »wandert«, d.h. ob die Schiffsseitenpeilung sich ändert oder ob sie »steht«. Erst dann weiß man, ob echte Kollisionsgefahr besteht. Um das festzustellen, benötigt man im allgemeinen zwei Personen auf Wache.

Ein sehr gutes modernes Mittel zur Beobachtung von Seitenpeilungen bei Begegnungssituationen ist ein gutes modernes Fernglas mit eingebautem Kompass. Damit ist man außerdem unabhängig von Kursschwankungen des Rudergängers, aber auch unabhängig von Kursänderungen.

8 ARPA

Allgemeines

ARPA ist die Abkürzung für den englischen Begriff »**A**utomatic **R**adar **P**lotting **A**id« und ist zurückzuführen auf die IMO-Resolution Nr. A.422 (IMO = International Maritime Organisation). In dieser Resolution wurde international verbindlich für die Schifffahrt festgelegt, welche Mindestausrüstungen, welche DV unterstützten automatischen Radar-Plothilfen und welche diesbezügliche Mindestausbildung ab 1984 auf Handelsschiffen vorhanden sein müssen.
An dieser Stelle wird sich mancher Leser fragen, warum ARPA in diesem für Sportbootfahrer bestimmten Radarbuch in der folgenden Ausführlichkeit zur Sprache gebracht wird. Aus der Sicht des Verfassers gibt es gerade hierfür mehrere schwerwiegende Gründe. Wir als Sportbootfahrer dürfen unseren Blick für die Seefahrt nicht auf unsere Bedürfnisse als Segler oder Motorbootfahrer einengen. Wir müssen vielmehr begreifen, dass wir ein Teil des gesamten Systems der Seeschifffahrt sind und dass wir die Gefahren und Rückwirkungen auf uns nur unzulänglich oder überhaupt nicht beurteilen können, wenn wir die anderen Mitspieler (normale Handelsschiffe, Schnellfähren, Hochgeschwindigkeitskatamarane etc.) nicht ausreichend einschätzen können. Das heißt, wir müssen unter anderem eine Vorstellung davon haben, wie der navigatorische Betrieb auf unserem potenziellen Kollisionsgegner aussieht, nach welchen Hilfsmitteln dort navigiert wird und warum ein »High Speed Catamaran« (HSC) oder ein Containerschiff einen Sportbootfahrer völlig übersieht.
Man lese nur einmal nach, welches die größten Ängste von Einhandseglern bei Nacht im freien Seeraum sind. Darüber hinaus finden die ARPA-Fähigkeiten zunehmend Eingang in moderne Radaranlagen, so dass auch von daher solide Grundkenntnisse dieser Fähigkeiten für den an Radar interessierten Sportbootfahrer von Bedeutung sind.
Die folgenden Darstellungen beschränken sich aber bewusst auf das aus der Sicht des Verfassers für den anspruchsvollen Sportbootfahrer Wesentliche und erheben nicht den Anspruch auf Vollständigkeit.

Zweck und Aufgaben von ARPA

Bekanntlich muss gemäß KVR jedes geortete Ziel geplottet und bei jedem ausschließlich mit Radar georteten Ziel festgestellt werden, ob sich eine Nahbereichslage entwickelt. Aus dem vorhergehenden Kapitel wissen wir, dass die manuelle Auswertung des Radarbildes eine zeitraubende Methode ist. Wenn man bedenkt, dass heutzutage auf der Brücke von Handelsschiffen nur noch ein Wachhabender Offizier (WO) und ein Ausguck vorhanden sind, so ist leicht vorstellbar, dass die Durchführung dieser Arbeiten durch die verfügbare Zeit, die Anzahl der Ziele und die sonstigen Arbeiten des WO stark begrenzt ist. Durch den Einsatz von rechnergestützten Radaranlagen können Radarziele automatisch erfasst und verfolgt, die erforderlichen geometrischen Berechnungen durchgeführt und die Ergebnisse in grafischer Form dargestellt und digital angezeigt werden. Letztlich kann ein derartiges System Warnungen erzeugen und Handlungsempfehlungen erarbeiten. Die Mindestanforderungen an ein solches System wurden von der IMO in der Resolution A.422 unter dem Begriff ARPA definiert und mit der Resolution A.823(19) vom 23. November 1995 auf den neusten Stand gebracht. Es soll den Radarbeobachter entlasten (z.B. das Plotten abnehmen) und eine schnellere Bewertung der Situation ermöglichen.

An dieser Stelle muss jedoch darauf hingewiesen werden, dass ARPA nur ein Hilfsmittel ist und dem Radarbeobachter und WO nicht die Entscheidungsfindung und Verantwortung abnehmen soll.

Die wesentlichen Aufgaben von ARPA sind:

- manuelle und automatische Erfassung von Zielen
- DV-gestützte Darstellung der Schiffsbewegungen
- automatische Warnungen
- Simulation von Manövern
- alphanumerische Anzeige von Zieldaten
- zusätzliche synthetische Symbole den Radarzielen auf dem Bildschirm zu überlagern
- vektorielle Darstellung von Eigenkurs und -fahrt
- Unterstützung der Navigation.

Zielerfassung und Zielverfolgung (vereinfachte Beschreibung)

Der Radarbeobachter kann auf dem Radarbild ein Fenster als Erfassungszone (»Guard Zone«) um bzw. vor das eigene Schiff legen, und dann werden vom Radar die in dieser Zone befindlichen Echos automatisch erfasst. Nach der Erfassung setzt die Zielverfolgung ein, indem um die zu erwartende Position des Echos ein Verfolgungsfenster (»Tracking Window«) gelegt wird. Der Rechner kann das Ziel solange problemlos »tracken«, wie das Echo stark genug ist, nicht zu sehr in seiner Signalstärke schwankt und sich nur ein einziges Ziel im Fenster befindet. Die Anzahl der verfolgbaren Ziele ist begrenzt und beträgt bei der Handelsschifffahrt mindestens 20 Ziele. Bei Radaranlagen für die Küstenschifffahrt und Sportboote liegt die Zahl bei 10 Zielen. Außerdem haben die Systeme Grenzen hinsichtlich ihres Auflösungsvermögens, unter bestimmten Bedingungen besteht die Gefahr der Vertauschung von Zielen, es besteht die Gefahr des Zielverlustes und die Möglichkeit einer Verzögerung in der Darstellung. Diese Grenzen sind jedem ARPA-Bediener bekannt. Aber auch für uns als Sportbootfahrer ist es wichtig, eine grobe Kenntnis von den »Unzulänglichkeiten« und Problemen einer ARPA-Anlage zu haben, um unsere eigene Situation und die eventuellen uns betreffenden Gefahren besser einschätzen zu können.

Die Funktionen von ARPA (vereinfachte Beschreibung)

Die von der IMO in den »Performance Standards« der Resolution Nr. A.422 geforderten Funktionen sind Mindestanforderungen. Eine Liste dieser Forderungen, auch der über die IMO-Spezifikationen hinausgehenden, wird in der anliegenden Zusammenstellung wiedergegeben.

Auflistung der ARPA-Funktionen

Erfassung von Zielen:

- manuelle Erfassung*

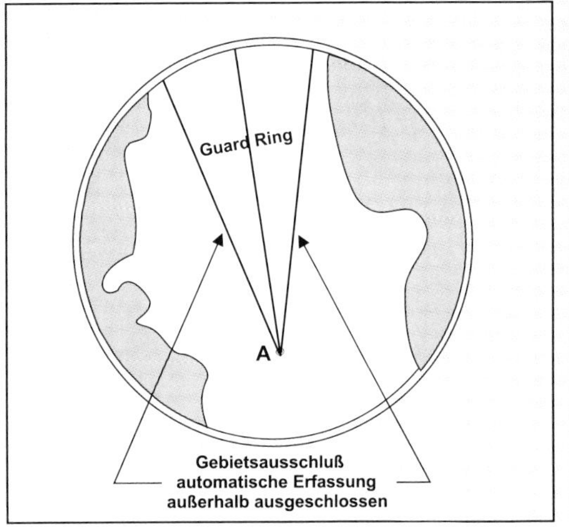

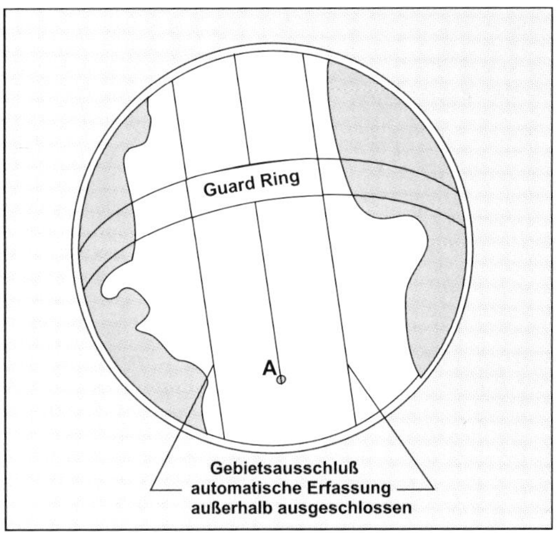

Abb. 58: Zielerfassungen können z.B. durch das Einrichten sog. Erfassungszonen (Guard Zones) eingeleitet werden; diese können sektoriell oder durch vom Beobachter definierte »Fensterrahmen« (Exclusion Lines) begrenzt sein.

- automatische Erfassung
- Erfassungszonen in variabler Distanz
- Gebietsausschluss*
- Warnungen*

Darstellung der Schiffsbewegungen:
- Vektoren mit variabler Vektorzeit oder fester Zeitskala*
- Vergangenheitspositionen für mind. 8 Minuten*
- Relativ- und Absolutdarstellung mit rel. und absoluten Vektoren*

Automatische Warnungen:
- Automatische Erfassung eines Zieles in einer Guard-Zone*
- Unterschreitung eines vorgegebenen CPA*
- Verlust des Echos eines erfassten Zieles*
- Fehler der Sensoren
- Systemfehler
- Erkennen eines Zielmanövers
- Ankerwache

Simulation von Manövern (Trial manoeuvre)*:
- Kursänderung
- Fahrtänderung
- Berücksichtigung von Manövrierdaten

Alphanumerische Anzeige von Zielen:
- Peilungen und Abstand eines Zieles*
- Kurs und Fahrt eines Zieles*
- CPA und TCPA*

Zusätzliche synthetische Symbole auf dem Bildschirm:
- mögliche Gefahrengebiete = »Predicted Areas of Danger« (PAD)
- mögliche Kollisionspunkte = »Potential Points of Collision« (PPC)
- Navigationshilfslinien
- »Electronic Bearing Lines« (EBL)
- Warnungen durch Symbole auf dem Bildschirm

Eigenfahrt und Eigenkurs:
- Eingabe manuell oder vom Log
- Referenzechos, u. a.

Die mit * versehenen Funktionen werden von der IMO als Mindestleistung von einer ARPA-Anlage gefordert.

Zielerfassung, Darstellung und Anzeige der Zieldaten

Die Zielerfassung kann manuell erfolgen, indem der Radarbeobachter eine Messmarke auf das zu verfolgende Ziel fährt und dann die Verfolgung durch »Target Acquire« einleitet, oder aber die Erfassung kann dadurch automatisch eingeleitet werden, dass eine Erfassungszone (»Guard Zone«) eingerichtet wurde.
Erfassungszonen sind entweder nur nach Entfernung vom eigenen Schiff oder nach Peilung rechts und links sowie nach Entfernung vom eigenen Schiff (z.B. 4 sm) durch den Beobachter festgelegte Fenster. Sobald ein Radarkontakt in diese Zonen eindringt, wird er automatisch verfolgt. Die IMO fordert in der Resolution A.823(19) Anlage 1 vom August 1998 innerhalb von 3 Minuten stabiler Verfolgung die Bewegung des Zieles mit dem folgenden Genauigkeitswerten (95 % Wahrscheinlichkeitswerte) dazustellen. Der Nachweis ist zu erbringen an Hand von vier in der Resolution vorgegebenen Testszenarien.

Normalerweise jedoch ist ein Ziel schon nach ca. 10 Antennenumläufen sicher in der Verfolgung.
Ist ein Ziel sicher im Track, so erfolgt wahlweise auf relativem oder absolutem Radarbild die Darstellung des Zielvektors mit variabler oder fester Vektorzeit. Die Vektorlänge auf dem Bildschirm ändert sich mit der jeweils eingestellten Vektorzeit (siehe Abb. 59). Dadurch kann man durch Zusammentreffen zweier absoluter Vektoren (vergleichbar Trueplot) eine mögliche Kollision und den dazugehörigen Zeitpunkt erkennen. Bei relativen Vektoren kann man den CPA-Wert abschätzen. Die Gesamtsituation mit Tonnen und anderen Schiffen und auch die zukünftige Situation ist durch diese Möglichkeiten leicht überschaubar.
Außerdem werden auf einem alpha-numerischen Display die entsprechenden Zielwerte wie Peilung und Abstand, Kurs und Fahrt sowie CPA und TCPA angezeigt.

Kollisionspunkte (PPCs) und Gefahrengebiete (PADs)

Als Hilfsmittel und Entscheidungshilfen können als synthetische Symbole angezeigt werden:

ARPA-Genauigkeitsforderung (95%) nach 3 Minuten:

Szenario	Kurs (relativ)	Geschw. (relativ)	CPA (sm)	TCPA (min.)	Kurs wahr	Geschw. wahr
1	3,0°	0,8 kn	0,5 sm	1,0 Min.	7,8°	1,2 kn
2	2,3°	0,3 kn	–	–	2,8°	0,8 kn
3	4,4°	0,9 kn	0,7 sm	3,3 Min.	3,3°	1,0 kn
4	4,6	0,8 kn	0,7 sm	2,6 Min.	2,6°	1,2 kn

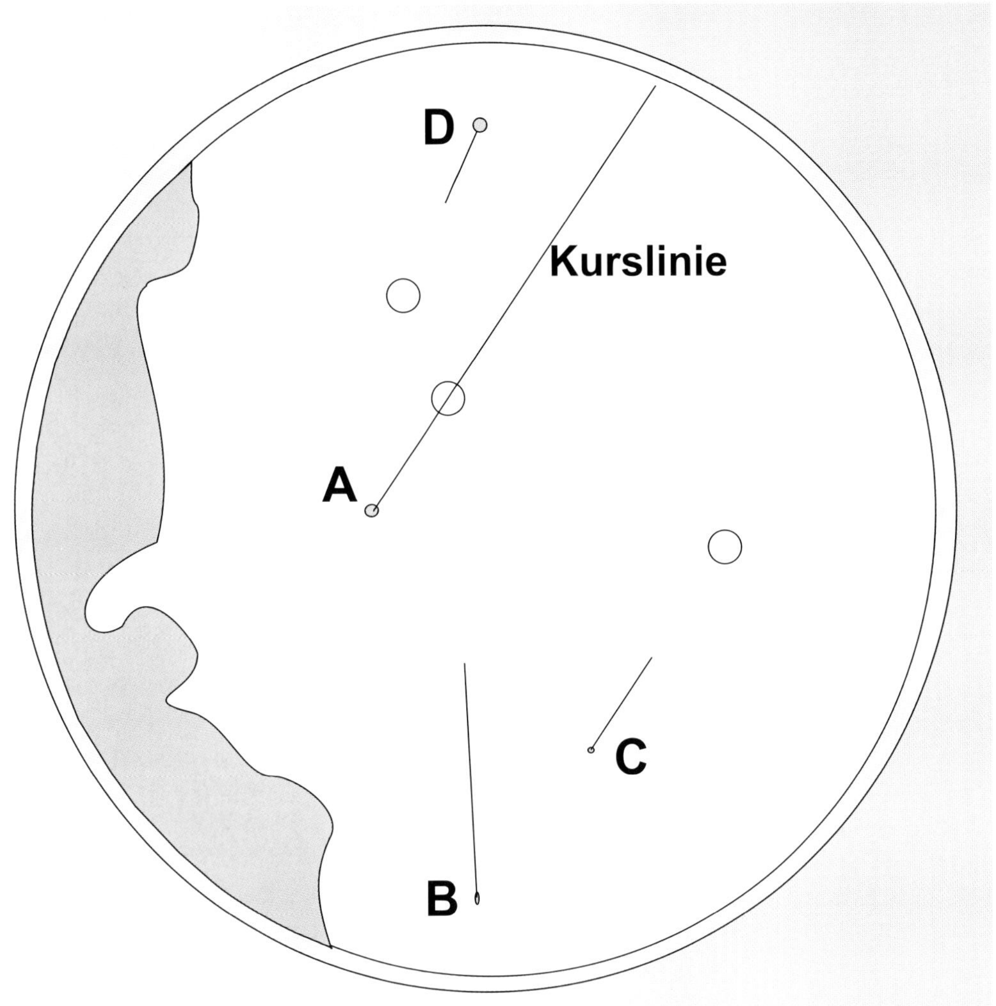

Abb. 59: Potenzielle Kollisionspunkte (PPCs) werden wie der CPA errechnet und erscheinen als kleine Kreise auf dem Bildschirm.

- mögliche Gefahrengebiete (»Potential Area of Danger«, PAD)
- mögliche Kollisionspunkte (»Potential Points of Collision«, PPC).

Der wachhabenden Offizier hat darüber hinaus die Möglichkeit, sich durch die Simulation von Kurs- und Fahrtänderungen die erforderlichen Ausweichmanöver zu erarbeiten.

Mögliche Kollisionspunkte (PPCs)

Mögliche Kollisionspunkte werden nach den bekannten Methoden für CPA errechnet und erscheinen als kleine Kreise auf dem Bildschirm. Im Detail heißt das, dass eine wirkliche Kollisionsgefahr besteht, wenn der PPC (kleiner Kreis) auf dem Eigenschiffsvektor liegt oder das eigene Fahrzeug seinen Kurs auf den PPC zu ändert.

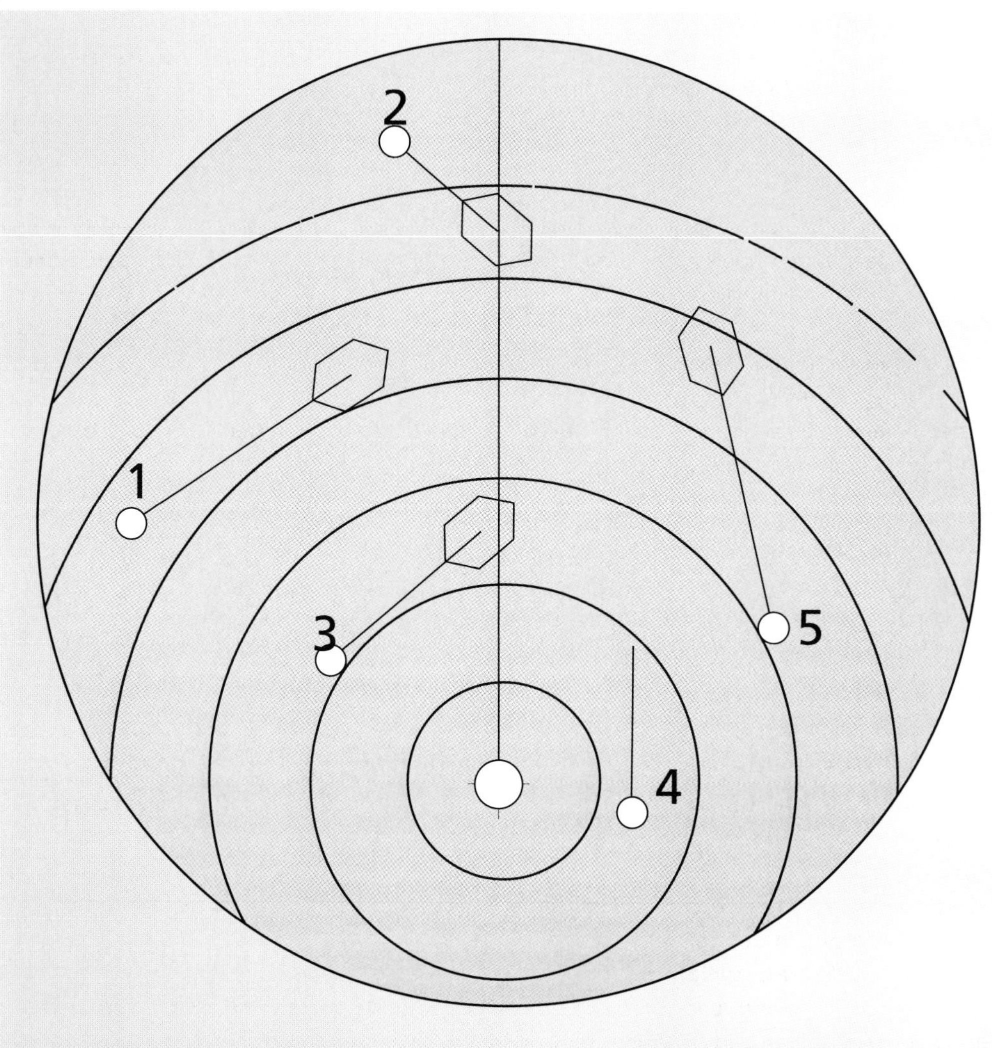

Abb. 60: Gefahrengebiete (PADs) werden auf dem Radarbild in den verschiedensten geometrischen Formen dargestellt; bei Geräten der Firma Sperry als Sechsecke.

Wenn jetzt die Ungenauigkeiten bei der Datenerfassung, die Schiffsdimensionen und die Größe des einzuhaltenden Sicherheitsabstandes (Mindest-CPA: Eingabewert) berücksichtigt werden, so ergibt sich anstatt eines Punktes (PPC) ein potentielles Kollisionsgebiet. Insofern stellen die PPCs die Vorstufe zu den Gefahrengebieten dar.

Gefahrengebiete (PADs)

Ein Gefahrengebiet stellt einen Bereich dar, in den das eigene Fahrzeug auf dem Hintergrund der Unsicherheit der Radardaten und eines Mindest-CPA nicht eindringen sollte.

Das PAD wird auf dem Radar (s. Abb. 60) in den unterschiedlichsten geometrischen Formen dargestellt (Firma Sperry z.B. verwendet ein Sechseck und nennt diese Bereiche »Predicted Areas of Danger«). Seine Größe hängt verständlicherweise im Wesentlichen von dem eingegebenen CPA-Wert ab. Liegt das PAD auf der eigenen Kurslinie, so besteht Kollisionsgefahr, da der reale CPA (Mindest-Passierabstand) geringer ist als der eingegebene CPA-Wert. Liegt das PAD nicht auf der Kurslinie, so ist dieser Bereich als ein potentielles Gefahrengebiet zu betrachten, in dem Kollisionsgefahr bestehen würde, wenn das eigene Fahrzeug in dieses Gebiet eindränge.

Durch die PADs ist die Gefahrenbeurteilung für den WO leicht und schnell geworden. Er braucht sich nur zu fragen, ob ein PAD auf der eigenen Kurslinie liegt, bzw. er muss nur darauf achten, dass die PADs nach den gültigen Verkehrsregeln umfahren werden.

Ein nicht unwesentlicher Nachteil jedoch ist, dass das Radarbild in der Betrachtung in den Hintergrund rückt, das Umfahren der PADs rückt in den Vordergrund, und Gefahren zwischen anderen Schiffen und deren Reaktionen bleiben unberücksichtigt. Insgesamt besteht die Gefahr, dass ein zu großes Gefühl der Sicherheit entstehen kann. Unbedeutende kleine Kontakte, die u. U. für einen automatischen Track nicht ausreichen (kleine Sportboote), bleiben unbeachtet.

Simulation von Manövern

Hat nun ein WO die Notwendigkeit eines Ausweichmanövers festgestellt, so würde man nach den Plottmethoden des Kapitel 6 nun ein entsprechendes Ausweichmanöver auf der Koppelspinne berechnen. Da diese Berechnung aber zwangsläufig nur den Ausweichkurs bezogen auf das der Berechnung zu Grunde liegende Ziel ergibt und die Auswirkungen auf alle anderen Ziele unberücksichtigt lässt, muss nach den herkömmlichen Plottmethoden nun mit viel Akribie herausgefunden werden, ob das errechnete Ausweichmanöver auch gegenüber den anderen Zielen vertretbar ist.

Diese Problematik wird dem WO auf einem ARPA-Schiff ganz wesentlich erleichtert.

Um ein geplantes Manöver vor der Ausführung auf seine Eignung hin zu überprüfen, kann das Manöver mit Hilfe des ARPA-Rechners simuliert werden. Bei dieser Manöversimulation (Trial Manoeuvre) werden anstelle der aktuellen Eigenschiffswerte die vom Radarbeobachter oder WO eingestellten Versuchswerte »Trial Course« und »Trial Speed« der Berechnung zu Grunde gelegt. Die Auswirkungen werden auf dem Radarbild und den Digitalanzeigen dargestellt. Das heißt:

- Eigenschiffsvektor bzw. »Relative Vektoren« bei relativer Darstellung ändern sich.
- CPA erhält den der Simulation entsprechenden Wert.
- PPCs und PADs ändern ihre Lage auf dem Bildschirm entsprechend.

Damit erspart die Simulation dem WO jede zeitaufwendige Berechnung von Ausweichmanövern, aber nicht die weitere sorgfältige Beobachtung der Lageentwicklung.

Automatische Warnungen

Ein weiteres nützliches Hilfsmittel für den WO sind die »Operational Warnings«. Gemäß IMO-Resolution sind drei Alarme vorgeschrieben:

- beim Eindringen bisher nicht erfasster Ziele in die »Guard Zone«
- wenn bei bereits erfassten Zielen die eingestellten CPA- und TCPA-Werte unterschritten werden
- bei Verlust eines bisher erfassten Zieles.

In diesen oben genannten Fällen wird das ARPA automatisch einen akustischen Alarm, einen rundum-optischen Alarm und einen optischen Alarm durch Symbole auf dem Bildschirm auslösen.

Fehlermöglichkeiten und Grenzen von ARPA

Vorab sei an dieser Stelle bereits erwähnt, dass die im Folgenden aufgezeigten Probleme von wesentlichem Interesse auch für Sportbootfahrer sind, entweder weil sie bei Radargeräten für Sportboote genauso auftreten, oder aber weil sie erhebliche Rückwirkungen bei Begegnungssituationen von Handelsschiffen mit Sportbooten haben können.
Die automatische Zielverfolgung stößt immer dann auf Probleme, wenn:

- Zielechos an der Grenze der Erfassbarkeit liegen, die Reflektionsfläche relativ klein ist, Ziele zeitweilig in der Abschattung liegen oder die ohnehin schwachen Zielechos durch Seegangsechos gestört werden
- Zielvertauschung (»Target Swop«) bei zwei nahe beieinander liegenden Echos auftritt
- die Ziele schnelle Manöver vollführen.

Nachlauffehler bei schnellen Manövern und das Überspringen auf ein nahebei im Track-Fenster befindliches anderes Ziel sind softwaremäßig unvorhersehbar und daher nicht auszuschließen. Daher hilft gegen Zielvertauschung und eventuelle schnelle Manöver nur sorgfältige Radarbeobachtung.

Bei schwachen Radarechos oder durch Seegang gestörten Echos wird trotz korrekt eingestellter Seegangsenttrübung in der Regel erst dann eine saubere Zielverfolgung aufgebaut werden können, wenn sich die Signalstärke deutlich von seiner Umgebung abhebt. Das ist bei Sportbooten insbesondere dann problematisch, wenn kein vernünftiger Radarreflektor vorhanden ist. Siehe Seeunfall HSC *Delphin* mit S.Y. *Cyran*. Der HSC *Delphin* hatte die Segelyacht nicht auf dem Radar, der WO erhielt vom ARPA keine der vorgeschriebenen Alarme.
Natürlich hätte der WO auf dem HSC *Delphin* gemäß KVR Regel 5 einen ordnungsgemäßen Ausguck halten müssen und sich nicht blind auf das Radar verlassen dürfen. Das ist unbestritten. Dieses fehlerhafte Verhalten des WO offenbart jedoch eine weitere aus dem täglichen Umgang mit ARPA resultierende Gefahr.
ARPA entlastet den Radarbeobachter von Routinearbeiten und liefert exzellente Informationen und Entscheidungshilfen. Dadurch wiegt es den Nutzer aber leider auch in einem zu großen, unkritischen Sicherheitsgefühl, welches die Gefahr der Nachlässigkeit in sich birgt. Die Folge ist, dass kleine Ziele (ohne Radarreflektor) zu spät oder gar nicht erkannt werden. Glücklicherweise bedeutet das noch nicht immer Kollisionsgefahr für kleine Fahrzeuge.

Konsequenzen für die Praxis

ARPA ist zum Standard in der Berufsschifffahrt geworden und gehört zur Ausbildung des gesamten nautischen Personals. Die technischen Fähigkeiten von ARPA sind sehr nützlich und wertvoll, aber nicht unbegrenzt. Das System hat, wie oben erwähnt, auch Fehlerquellen und Schwachstellen, und diese Problembereiche sind die großen Gefahren für uns als Sportbootfahrer im freien Seeraum:

- Schwache Radarechos werden zu spät oder gar nicht erfasst
- Seegangsechos stören den Empfang ohnehin schwacher Echos
- Seegang lässt Sportboote zeitweilig in Wellentälern verschwinden (Echoverlust)
- durch das Korrelationsverfahren werden schwache bzw. gestörte Echos bei modernen Raster-Scan- Bildschirmen und Zielverfolgungsprogrammen von ARPA auch noch unterdrückt.

Das ARPA aber kann dem WO von all dem kaum etwas mitteilen, sondern vermittelt ihm durch ein sauberes Radarbild mit einwandfreien »Tracks« das Gefühl der Sicherheit und absoluten Lageübersicht. Wer nicht auf dem Radarbild des Handelsschiffes abgebildet wird, läuft Gefahr, nicht erkannt zu werden. Dieser Problematik müssen wir uns als Sportbootfahrer bewusst sein. Unsere sinnvollsten Schutzmaßnahmen dagegen sind äußerste Wachsamkeit und die Ausrüstung eines jeden sich im freien Seeraum bewegenden Sportbootes mit einem vernünftigen Radarreflektor. Letztlich sollten wir unsere Navigation so anlegen, dass wir uns so weit wie möglich aus den stark befahrenen Schifffahrtswegen heraushalten. Was die Zukunft uns an zusätzlichen Verpflichtungen resultierend aus der immer weiter fortschreitenden Technik bringen wird, bleibt abzuwarten.

ARPA-Funktionen auf Sportbooten

Wenn man über zukünftige ARPA-Funktionen auf kleineren Fahrzeugen sprechen will, so muss man zunächst einmal die Zukunftsaspekte im kommerziellen Bereich betrachten. 1979 trat die sog. »ARPA-Resolution« in Kraft. Nach dem Zeitplan der IMO mussten beginnend ab 1984 alle Neubauten über 10.000 BRZ mit ARPA ausgerüstet werden. Für kleinere Fahrzeuge gab es damals noch keine derartigen Ausrüstungsverpflichtungen, denn zu dieser Zeit war ARPA eine kostspielige Investition. Seitdem hat bekanntermaßen aber eine derart stürmische Entwicklung auf dem Gebiet der Mikroelektronik und der Datenverarbeitung stattgefunden, dass man heutzutage kaum noch ein Auto oder eine Stereoanlage ohne entsprechende DV-Platinen findet. Insofern ist die Anpassung der Ausrüstungsrichtlinien der IMO an die heutigen technischen Möglichkeiten eine absolut logische Konsequenz. Die neuesten Richtlinien der SOLAS Kapitel 5 (»Safety of Life at Sea«) fordern ab 1. Juli 2002 für die Berufsschifffahrt die folgende Mindestausrüstung (auszugsweise, soweit für dieses Thema relevant):

a.) Alle Schiffsneubauten sind auszurüsten mit:
- GPS oder einem terrestrischen Funknavigationssystem (z.B. Loran-C)
- Fahrzeuge mit weniger als 150 BRZ mit einem Radarreflektor oder anderem Gerät, sodass die Entdeckung mit Radargeräten im 3 und 9 GHz-Bereich gewährleistet ist.

b.) Fahrzeuge ab 300 BRZ und größer sind auszurüsten mit:
- Echolot
- 9 GHz Radar
- EPA (»Electronic Plotting Aid«), ein halbautomatisches Plottsystem
- THD (»Transmitting Heading Device«)
- einem AIS (»Automatic Identification System«).

c.) Fahrzeuge ab 500 BRZ und größer mit:
- Kreisel
- einem ATA (»Automatic Tracking Aid«)

d.) Fahrzeuge ab 3000 BRZ und größer mit:
- 3-GHz-Radar und evtl. zusätzlich ein 9-GHz-Radar
- einem zweiten ATA

b.) Fahrzeuge ab 10.000 BRZ und größer mit:

- ARPA
- Selbststeuerungsanlage.

Für uns als Sportbootfahrer ist für die Zukunft wichtig zu wissen:

- Alle Fahrzeuge unter 150 BRZ müssen zukünftig mit einem effizienten Radarreflektor ausgerüstet sein, der den Mindestanforderungen der »Maritime Safety Commission (MSC)« entspricht.
- Für Fahrzeuge unter 300 BRZ gibt es hinsichtlich Radar und Plottsyteme noch keine Auflagen von der MSC.
- Alle Fahrzeuge über 300 BRZ werden zukünftig mit Radaranlagen und dazugehörigen Plottsystemen (EPA oder ATA), mit einem THD sowie dem AIS ausgerüstet sein.

Bei dem »Transmitting Heading Device (THD)« handelt es sich um einen Kursgeber der h. W. mit 3 Antennen auf der Basis von GPS arbeitet. Es ist also ein Kursgeber für das halbautomatische Plottsystem EPA. Die komfortablere Variante zu dieser Ausrüstung ist dann für Fahrzeuge ab 500 BRZ mit Kreisel und ATA vorgesehen.
Beim »Automatic Identification System« (AIS) handelt es sich um ein automatisches Sende- und Empfangsgerät im VHF-Bereich, welches automatisch die folgenden Daten des eigenen Schiffes abstrahlt und diejenigen anderer Fahrzeuge automatisch empfängt:

- den Namen des Schiffes
- das »Call-Sign«
- den Typ des Fahrzeugs
- die Position
- den Kurs
- die Geschwindigkeit
- den Bestimmungsort
- ggf. Art gefährlicher Ladung
- den Tiefgang des Schiffes.

Weitere Daten sind optional.
Seitens der Sportschifffahrt können wir also davon ausgehen, dass zukünftig alle »Handelsschiffe« mit Radargeräten mit einem mehr oder weniger komfortablen Plottsystem ausgerüstet sind und mit dem »Automatic Identification System« (AIS) auf Horizontreichweite automatisch die wesentlichen Plott-Informationen aller im Bereich befindlichen Handelsschiffe miteinander austauschen. Wie weit es in der Handelsschifffahrt nun zu integrierten Navigations-, Plott- und Radaranlagen kommen und was es darüber hinaus an Anlagen geben wird, muss abgewartet werden. Es sollte in diesem Zusammenhang nicht unerwähnt bleiben, dass derzeit fieberhaft an den vektorisierten Daten der Seekarten gearbeitet wird, sodass in absehbarer Zeit auch hier verbindliche Ausrüstungsvorgaben zu erwarten sind.
Somit stellt sich für uns die Frage, wie die Entwicklung für Fahrzeuge unter 300 BRZ und die Sportschifffahrt weitergehen wird. Es wäre natürlich überzogen, Anlagen mit einem Leistungsumfang wie beim Original-ARPA (z.B. Trackkapazität von 20 Zielen) zu erwarten. Dieser Bedarf ist mit Sicherheit auf kleineren kommerziellen Fahrzeugen und Sportbooten nicht vorhanden. Ein sinnvoll reduzierter Leistungsumfang (z.B. 6–10 Ziele), der den Radarbeobachter von dem zeitaufwendigen Plotten befreit und darüber hinaus sinnvolle Entscheidungshilfen nach dem großen Vorbild (ARPA) liefert, erscheint meines Erachtens für jedes Fahrzeug zweckmäßig, das sich routinemäßig in stark befahrenem freien Seeraum bewegt und Langfahrten unternimmt. Mittlerweile haben fast alle Radarhersteller eine derartige, meist leider etwas teure Version auf dem Markt.
Die Firma Raymarine z.B. nennt diese Funktionen in ihren RL80C und RL70Plus Radaranlagen MARPA (Manual Automatic Radar Plotting Aid). »Manual« steht für die manuelle Ini-

tiierung der Zielverfolgung; d.h. die Ziele müssen manuell mit dem Cursor markiert und die automatische Zielverfolgung muss manuell gestartet werden.

Die MARPA-Funktion umfasst im Wesentlichen:

- kursstabilisiertes Radarbild
- nordstabilisiertes Radarbild
- True-Motion-Darstellung
- automatische Warnzonen
- Nachlaufspur
- Positionsdaten einblenden
- Wegepunkt- und Routeneinblendung
- automatische Zielverfolgung für bis zu 6 bzw. 10 Ziele (Kurs, Fahrt, automatische Warnung bei Kollisionsrisiko)
- Rendezvous-Positionsermittlung
- automatische CPA- und TCPA-Errechnung
- Überlagerung synthetischer Symbole
- elektronische Seekarte (optionaler Zusatz).

MARPA bringt somit auch für Sportboote einen wesentlichen Fortschritt und eine große Erleichterung, indem es uns das lästige und zeitraubende Plotten abnimmt. Man kann damit ziemlich schnell zwischen fahrenden und stationären Zielen unterscheiden und erhält Informationen über Kurse und Geschwindigkeiten, CPAs und TCPAs sowie eine Warnung vor dem Nahbereich und vor Kollisionen.

Dennoch muss man sagen, dass auf Sportbooten die derzeitigen ARPA-Genauigkeitsforderungen an die Radarwerte sowie die Forderungen hinsichtlich der Kursgeber kaum erfüllbar sind. Die Radarantennen können auf Sportbooten nicht die physikalisch erforderlichen Abmessungen aufweisen und ein Kreiselkompass als Kursgeber kommt aus Kostengründen für die meisten Fahrzeuge nicht in Frage. Als Alternative zum Kreisel kann als Kursgeber eine Magnetfeldsonde (engl. »fluxgate«) installiert werden. Es ist jedoch auf den meisten Segelyachten fast unmöglich, für den Magnetfeldsensor einen Einbauort zu finden, der möglichst ruhig ist (das wäre nahe dem Mastfuß am Schiffsboden) und gleichzeitig völlig frei ist von jeglicher magnetischen Beeinflussung durch irgendwelche Elektro-Installationen oder größere Eisenmassen (z.B. Motor und Kiel). Meistens muss man sich bei Magnetfeldsonden mit einer Lösung zufrieden geben, die sinusförmige Maxima von Ablenkungswerten von 4°–8° beinhalten kann. Dennoch muss man sagen, dass die heutigen Radaranlagen auch hiermit schon Erstaunliches leisten und für den Skipper eine große Unterstützung und Arbeitserleichterung sind.

Für die Zukunft scheint sich jedoch eine Lösung wie das »Transmitting Heading Device« (THD) auf der Basis von GPS abzuzeichnen. Die internationale Industrieorganisation in Genf (»International Electronic Commission«, IEC) arbeitet zur Zeit an derartigen Richtlinien (»Harmonised Standards«) für Plotsysteme für kleinere Fahrzeuge mit Bildschirmen bis zu 150 mm Durchmesser.

Es wäre jedoch falsch anzunehmen, dass damit die rasante Entwicklung der letzten Jahre zur Ruhe gekommen sei. Für die Gesamtheit der automatischen Radar-Plottsysteme gilt vielmehr, dass an ihrer Weiterentwicklung auf der Basis des GPS-Systems bzw. des in Europa in Entwicklung befindlichen »Global Navigation Satellite Systems« (GNSS) längst gearbeitet wird, wobei es sich bei dem heutigen DGPS wohl nur um eine technische Zwischenlösung handeln dürfte.

GPS bietet derzeit maximal 10 bis 20 Meter Genauigkeit, wenn die militärisch kontrollierte »Selected Availibility« (SA) abgeschaltet ist. Das DGPS ist zwar schon erheblich besser, es arbeitet mit einer Genauigkeit von 5–10 Metern je nach Entfernung vom Sender, aber auch damit können die Genauigkeitsforderungen der Luftfahrt und des Land-

verkehrs (Fahrzeuge, Eisenbahn, Positionierung von Containern) noch nicht erfüllt werden.
In den USA, die naturgemäß an ihrem GPS festhalten, wird deshalb zur Zeit das »Wide Area Augmentation System« (WAAS) eingeführt. Ähnlich wie beim DGPS werden dabei durch ein Netz von Kontrollstationen die Korrekturwerte für die einzelnen Satelliten ermittelt. Eine Hauptstation gibt die ausgewerteten Daten an eine Inmarsat-Bodenstation. Schließlich werden die WAAS-Korrektursignale von den Transpondern der Inmarsat-E-Satelliten auf der Frequenz der GPS-Satelliten ungerichtet abgestrahlt. Neuere GPS-Empfänger können diese Daten empfangen und die Positionen automatisch um die empfangenen Korrekturen berichtigen. Die Genauigkeit der Position soll bei mindestens 3 Metern liegen, was ausreichen soll, um ein Flugzeug genau genug auf die Landebahn zu dirigieren. Wer auf die höhere Genauigkeit keinen Wert legt, kann sein älteres GPS-Gerät weiter verwenden.
Das WAAS gibt es bisher nur auf dem nordamerikanischen Kontinent. Die Europäer beabsichtigen, das bereits erwähnte eigene weltweit funktionierende Satelliten-System mit dem Namen GNSS (Global Navigation Satellite System) aufzubauen. Was für die USA das Korrektursystem WAAS ist, wird bei den Europäern EGNOS (European Geostationary Overlay System) heißen. Damit soll dann eine Genauigkeit von 1–2 Metern erreicht werden. Vor dem Jahr 2008 ist aber nicht mit der Inbetriebnahme des europäischen Satellitensystems zu rechnen. Ob es endgültig zur Installation dieses Systems oder aber zu einer Zusammenarbeit mit den USA auf der Basis von GPS kommen wird, ist genauso offen, wie die Frage, ob man als »Back-Up-System« nicht doch eventuell am Loran-C festhält. Auch hierfür gibt es starke Tendenzen.

Konsequenzen für die Praxis

Derzeitige GPS-Geräte werden nicht wertlos werden, sondern werden weiterhin problemlos funktionieren. Wer aber an den Kauf eines DGPS-Gerätes denkt, um genauere Positionen zu erhalten, oder an den Kauf eines Radargerätes mit »Plotting Aid«, sollte sich überlegen, ob er nicht noch ein paar Jahre warten kann. Denn parallel zur Entwicklung der besseren Kurseingaben und der Inbetriebnahme der oben genannten Systeme wird derzeit wie schon gesagt an der Entwicklung von vektorisierten Seekartendaten für die weltweite Anwendung gearbeitet. Somit wird auch im Sportbootbereich die Überlagerung von Radarbild und Seekarte und die Entwicklung hin zur integrierten Navigation immer wahrscheinlicher. Daher werden alle Hersteller von Radaranlagen, Navigationsanlagen und Kartenplottern in den nächsten Jahren verstärkt Systemlösungen auf modularer Basis anbieten. Das hieße, die Korrelation der Radarinformation mit der Seekarte wird einfacher und die Radarnavigation erheblich besser. Es könnte mit der Einführung der neuen Systeme aber auch heißen: Wir schalten beim Auslaufen alle Sensoren (Log, Lot, GPS, Kreisel, Autopilot, Radar und Funk) ein und überprüfen das einwandfreie Hochlaufen aller Komponenten und des Gesamtsystems. Dann fragt das System uns, wohin wir fahren wollen, wir geben unsere Absichten ein und daraufhin macht das System uns seine Vorschläge, wie wir am Besten fahren sollten und wirft je nach Wunsch gleich die dazu gehörigen Routen auf den Digitalanzeigen und den elektronischen Seekarten/Video-Maps aus. Sobald wir ausgelaufen sind, bewegen wir uns innerhalb eines vorher mit dem System vereinbarten Sicherheitsbereiches (Anzeige in Form von »Indexlines«) von Wegepunkt zu Wegepunkt. Die Fahrt wird wie beim GPS laufend überprüft und die Ablagen in Form von »Cross

Track Error« angezeigt, bzw. bei gefährlicher Annäherung an Untiefen erfolgen entsprechende Warnungen. Das Radarbild ist wahlweise der Seekarte überlagert und zeigt uns dann alle sich bewegenden Kontakte mit dem Kurs- und Fahrtvektor an.

Das alles ist sicherlich nicht mehr lange Fiktion. Ob die Sportbootwelt sich jedoch für die integrierten Lösungen erwärmen oder aber vorrangig Einzelkomponenten kaufen wird, bleibt abzuwarten. Der Weg für die technologischen Möglichkeiten der Integration als auch für die Vernetzung der Geräte scheint jedenfalls vorgezeichnet.

9 Anhang

Anmerkungen

Begriffe zur Radarkunde

Technische Begriffe

Abstimmung/Tuning

Bei Bootsanlagen werden in der Regel Magnetrons als Senderöhren verwendet. Daher muss man damit leben, dass die Sendefrequenz nicht stabil ist. Sie wird sich nach jedem neuen Einschalten der Anlage geringfügig von der der letzten Betriebsphase unterscheiden. Daher muss nach jedem Einschalten der Anlage der Empfänger wieder aufs Neue auf die Senderfrequenz optimal abgestimmt werden. Dieses Abstimmen des Empfängers kann manuell oder automatisch je nach Voreinstellung erfolgen.

Antennenarten

Für die Schifffahrt interessant sind die Schlitzstrahler (Balken), Flachantennen und Parabolantennen.

Antennendiagramm

Ein Antennendiagramm ist die grafische Darstellung der elektromagnetischen Feldstärke der abgestrahlten Radarenergie in ihrer horizontalen und/oder vertikalen Ausdehnung bezogen auf die Antennenachse.

ARPA/MARPA

Geräte mit diesen Eigenschaften gestatten alle Darstellungsarten und ermöglichen durch Rechner eine schnelle und umfangreiche Auswertung der Radarinformationen.

Atmosphärische Dämpfung

Die Radarenergie (= elektromagnetische Energie) würde bei der Ausbreitung im luftleeren Raum mit 1/r abnehmen, wobei r die Entfernung von der Strahlungsquelle bedeutet. In der Atmosphäre kommt noch der sogenannte Dämpfungsfaktor hinzu.
Hierfür gibt es zwei Ursachen: Absorption durch erstens die Atmosphäre selbst, d.h. Umwandlung in Wärme, und zweitens durch diffuse Streuung an Niederschlags- und Staubpartikeln. Ein Bruchteil der diffus gestreuten/reflektierten Energie gelangt zum Radargerät zurück und wird hier als Echo registriert.
Dieser Effekt wird erfolgreich von Wetterradars zur Anzeige von Niederschlagsbereichen ausgenutzt.

Auflösungsvermögen

Das Auflösungsvermögen ist die Genauigkeit, mit der man nach Richtung und Abstand zwei verschiedene punktförmige Objekte gerade noch unterscheiden kann. Man unterscheidet die radiale und die azimutale Auflösung. Die Kenntnis des Auflösungsvermögens der Radaranlage ist für den Radarbeobachter wichtig, um die ihm gelieferte Radarinformation richtig einschätzen zu können (Beispiel nahe beieinander liegender Objekte: Tonne mit Tonnenwächter).

Automatische Frequenzkontrolle(AFC)

Das Abstimmen des Empfängers auf die exakte Frequenz des Senders und somit auf die exakte Frequenz des zurückkehrenden Echosignals kann sowohl manuell als auch automatisch vorgenommen werden. Im Falle der automatischen Abstimmung (engl. »Automatic Frequency Control«, AFC) wird ohne manuellen Eingriff aus dem Sendesignal eine Signalprobe abgezweigt und zur Abstimmung des Empfängers dem sogenannten AFC-Schaltkreis im Empfänger zugeführt.

Azimutale Auflösung oder horizontale Bündelung

Die horizontale Bündelung der Antenne (gleichbedeutend mit ihrer Bauart) bestimmt das Auflösungsvermögen einer Radaranlage im Azimut (ca. 3° bis 5°). Im Prinzip erzielt man die beste Bündelung von Radarfrequenzen (z.B. Satelliten-Antennen; arbeiten in demselben Frequenzbereich) mit einem Parabolspiegel. Da man bei einem Seeraum-Radar jedoch nur im Azimut eine gute Richtcharakteristik/Bündelung benötigt, entsprechen die Radarantennen für Seeraum-Radars einem horizontalen scheibenartigen Ausschnitt aus einer Parabolantenne, oder es handelt sich um einen Schlitzstrahler. In der Praxis sprechen wir bei einem Schlitzstrahler auch von einem »Radarbalken«. Je länger dieser Balken, umso besser ist die horizontale Bündelung. Aus praktischen und schiffbaulichen Gründen sind der Länge des Balkens jedoch Grenzen gesetzt. Soll auf Segelyachten der Balken dann sogar noch in einem Radom von maximal 60 cm Durchmesser untergebracht sein, so kann der Balken maximal 50 cm lang sein, wodurch die horizontale Bündelung nur ca. 5° betragen kann. Bestehen keine baulichen Beschränkungen hinsichtlich der Unterbringung der Radarantenne, so kann man bei derselben Radaranlage oftmals einen Balken von ca. 1 m Länge wählen und kommt so konstruktiv zu einer horizontalen Bündelung von nur 3°.

Blip, Kontakt, Echo, Video

Blip etc. ist die elektronische punktförmige Aufhellung des Bildschirmes, die nach Richtung und Entfernung die augenblickliche Position eines Zieles vom Radarmittelpunkt wiedergibt.

Elektronischer Peilstrahl (EBL)

Der elektronische Peilstrahl (»Electronic Bearing Line«, EBL) ist eine vom Mittelpunkt geradlinig zum Rand verlaufende elektronisch einblendbare Peilanzeige, d. h. ein weißer Strich als Bedienelement zur Ermittlung und optischen Anzeige von Seitenpeilungen.

Entfernungsauflösung, radiale Auflösung

Die radiale Zieldiskriminierung (Auflösung) ist abhängig von der Länge des ausgesandten Radarimpulses (PD). Mathematisch ausgedrückt:

Auflösung/Impulslänge = 300 m x Impulsdauer (in Mikrosekunden)

Beispiel: PD = 0,5 Mikrosekunden.

Damit wäre die radiale Zieldiskriminierung 150 m, d.h. alle Ziele, die 150 m und näher beieinander liegen, können nur als ein einziges Ziel dargestellt werden.

Aus diesem rechnerischen Beispiel kann man eindeutig erkennen, das die radiale Zieldiskriminierung umso besser ist, je kürzer der Puls ist.

Frei bewegliche Messmarke / Cursor

Unabhängig vom elektronischen Peilstrahl (EBL) und dem variablen Messring sind schnelle und einfache Entfernungs- und Azimutmessungen mit dem Fadenkreuz der Cursor-Funktion möglich. Der entsprechende Messwert wird meist digital angezeigt.

Frei beweglicher Peilstrahl / FEBL

In Ergänzung zum EBL haben viele Radaranlagen einen frei beweglichen Elektronischen Peilstrahl (»Free Electronic Bearing Line«, FEBL), mit dem man von jedem frei wählbaren Punkt des Radarbildes aus Peilungen vornehmen kann. Von einem festen Objekt aus gepeilt kann so leicht zwischen bewegten und ortsfesten Objekten unterschieden werden.

Helligkeit/Brilliance und Kontrast

Die Einstellung von Bildschirmhelligkeit und Kontrast gehört zu den Grundeinstellungen für jeden Bildschirm, wie z.B. auch für ein Fernsehgerät oder einen Computer-Monitor. Mit dieser Funktion wird die Grundhelligkeit des Bildes und die Schärfe, d.h. der Kontrast abgebildeter Echos eingestellt. Bei einem Kathodenstrahlrohr kann man sagen, dass sich permanent zu weit aufgedrehte Regler für Helligkeit und Kontrast negativ auf die Lebensdauer der Röhre auswirken.

Hohlleiter

Rohrartiger Wellenleiter mit rechteckigem Querschnitt, der die aus dem Magnetron ausgekoppelten elektromagnetischen Wellen (Frequenzen im Gigahertz-Bereich und höher) zur Antenne führt.
Koaxkabel haben einen zu hohen Widerstand in diesem Frequenzbereich.

Impulsfolgefrequenz

Impulsfolgefrequenz (engl. »Pulse Repetition Frequency«, PRF) ist die Wiederkehr der Aussendung von Radarimpulsen pro Minute. Die Impulsfolgefrequenz bestimmt die unzweideutige Reichweite oder anders gesagt, den schaltbaren Radarbereich.
Oder:
a. Je niedriger die PRF umso größer die theoretische Reichweite.
b. Je höher die PRF umso kürzer die theoretische Reichweite.
Oder:
a. Je größer die Reichweite umso niedriger die PRF.
b. Je kürzer die Reichweite umso höher die PRF.
Mathematisch ausgedrückt:
Die Radarreichweite ist der PRF umgekehrt proportional.
In der Anlage wird das Problem normalerweise so gelöst, dass mit der Reichweite / dem Bereich gleichzeitig die Impulsfolgefrequenz geändert wird.
Bei besseren Radaranlagen ist an die Reichweiten-/Bereichsänderung auch oftmals eine Änderung zur günstigeren Impulslänge hin gekoppelt.

Kursstabilisiertes Radarbild / Course-UP

Diese Anzeige setzt voraus, dass ein Kursgeber (Kreiselkompass oder Magnetfeldsensor/Fluxgate-Sensor) an das Radar angeschlossen ist. Somit kann das Radarbild laufend auf geografisch Nord ausgerichtet werden und die Vorausanzeige wird in Richtung des jeweiligen Kurses ausgerichtet. Bei Kursänderungen ändert sich die Vorausanzeige überhaupt nicht, und das Radarbild wandert um den Betrag der Kursänderung.
Das eigene Schiff befindet sich im Mittelpunkt, die Bewegungen aller Ziele sind relativ.

Mittelpunktverschiebung, Off Center, Zoom

Diese Schaltmöglichkeit verschiebt den Mittelpunkt innerhalb des geschalteten Bildes in jede beliebige Richtung. Man wird den Mittelpunkt vorzugsweise auf der Kurslinie nach hinten verschieben, um auf diese Weise einen vergrößerten Vorausbereich trotz kleinerem Entfernungsbereich (also mehr Details) zu erhalten.

Nachlaufspur, TRAIL

Normalerweise leuchten die Bildpunkte der

Radarechos maximal bis zur nächsten Antennenumdrehung. Die Bedienung der »TRAIL«-Funktion (meist über das Menü) ermöglicht die Einstellung einer variablen Nachleuchtzeit für alle angezeigten Echos. Dadurch bleiben die aufeinander folgenden Bildpunkte sämtlicher Echos für einen kurzen Zeitraum wie das Kielwasser eines Fahrzeugs erhalten. Durch diese Funktion wird das Erkennen sich bewegender Radarziele nach Richtung und Geschwindigkeit erleichtert. Bei relativer Darstellung bewegen sich natürlich auch feste Objekte und Küstenlinien, d. h. jedes abgebildete Objekt erhält eine Nachlaufspur.

Nahbereich oder Innere Totzone

Unter Nahauflösung, Nahbereich oder Innere Totzone versteht man die Mindestentfernung, in der ein Ziel gerade noch abgebildet werden kann oder die Totzone um den Mittelpunkt (bei 3-cm-Radars bei kurzem Impuls ca. 30 m). Für mathematisch/physikalisch Interessierte sei gesagt, dass der Nahbereich im Prinzip der halben Impulslänge entspricht, da der Duplexer erst nach Ende des Sendeimpulses (PD) von Senden auf Empfangen umschalten kann. Das heißt also: Bei langem Impuls und großem Radarbereich hat man eine große Totzone/Nahbereich und umgekehrt. In der Praxis ist die Innere Totzone aufgrund der Seegangsechos noch etwas größer.

Nahechodämpfung, Seegangsenttrübung, Sea clutter

Im Nahbereich erscheinen die Seegangsechos unverhältnismäßig stark, teilweise so stark, dass sie bei stärkerem Seegang den Nahbereich komplett weiß erscheinen lassen. Mit dieser Einstellung (meist Drehknopf) können echte Ziele, deren Signalstärke größer ist als die der Seegangsechos zur Anzeige gebracht werden, indem bis auf das Niveau der Seegangsechos hin alles weggedämpft wird. Somit bleiben die über das Seegangsechoniveau herausragenden Ziele bestehen. Mit dieser Regelung muss aber besonders sensitiv umgegangen werden, da sie der Verstärkungsregelung entgegen wirkt und durch zu starkes Aufdrehen auch Nutzechos zum Verschwinden gebracht werden.

Nordstabilisiertes Radarbild / North-Up

Diese Anzeige setzt wiederum voraus, dass ein Kursgeber an das Radar angeschlossen ist. Das Radarbild wird laufend nach geografisch Nord ausgerichtet. Geografisch Nord ist oben im Radarbild. Vorausanzeige gleich Schiffskurs. Bei Kursänderungen dreht sich nur die Vorausanzeige, das Radarbild bleibt stabil. Diese Art der Darstellung erschwert das Erkennen »stehender Peilungen«, ist aber im Prinzip die beste Darstellungsart.

Peilgenauigkeit

Die Peilgenauigkeit im Azimut ist definiert als der Winkelwert einer Radarkeule bzw. des Antennendiagramms zwischen den 3dB-Punkten.

3° ist ein zufriedenstellender Wert für 90-cm-Schlitzstrahler.

4°–5° sind zufriedenstellende Werte für Flachantennen in Radomen.

Der auf dem Radarbild angezeigte Winkelwert entspricht entweder dem strahlenmäßigen Mittelstrich der Radarkeule/ der Hauptachse oder dem rechnerischen Radarschwerpunkt. Die wahre Peilgenauigkeit kann daher maximal bis zur Keulenbreite davon abweichen, obwohl das Gerät einen exakten Wert anzeigt.

Puls, Pulslänge, Pulsdauer

P. ist die zeitliche Dauer der Aussendung von Radarenergie, während der bei Pulsradaranlagen der Empfangsteil blockiert ist (Duplexer). Die Dauer/Länge des Pulses wird angegeben in µSek.

Die Impulsdauer ist gleichzeitig eines der Kriterien für den Energie-Inhalt des Pulses und damit mitbestimmend für die theoretische Reichweite der Anlage als auch für die sogenannte Auflösung.
Um ggf. eine bessere Auflösung insbesondere im Nahbereich zu erzielen, kann der Bediener bei besseren Radaranlagen oftmals zwischen mehreren Impulslängen wählen.

Radarkeule, Antennenbündelung, Hauptkeule, Nebenkeulen
Die Radarkeule ist das elektromagnetische Feldstärke-Diagramm oder Antennendiagramm der von einer Radarantenne abgestrahlten Energie. Die zeichnerische Darstellung gibt einen horizontalen Schnitt durch die abgestrahlte Energie wieder und verbindet normalerweise die Messpunkte halber Feldstärke (3dB-Punkte) miteinander, d.h. halbe Feldstärke gegenüber der Hauptachse (Mittelachse) der Keule. Der Winkelwert der 3dB-Punkte zur Hauptachse ist ein Maß für die Bündelung der abgestrahlten Radarenergie bzw. ein Maß für die Bündelung der Antenne. Gleichzeitig stellt dieses Antennendiagramm eine Qualitätsangabe für den Empfang der rückkehrenden Signale dar. Jede Antenne weist darüber hinaus kleine unerwünschte Nebenkeulen auf, die man so gut es geht versucht zu unterdrücken.

Radom
Dosen- oder kugelartige für RF-Energie durchlässige Umhüllungen einer Radarantenne.
Zweck: Wetter- und Windschutz.

Rauschen/Noise
Das Rauschen wird auch mit dem Begriff »Noise Level« bezeichnet. Dabei handelt es sich um das so genannte geräteinterne oder auch thermische Rauschen, was dem »Brummen« eines Radioempfängers vergleichbar ist (besonders gut hörbar, wenn auf Kassette oder Plattenspieler geschaltet ist und noch keine Musik ertönt). So wie bei der Stereoanlage durch Aufdrehen der Lautstärke auch das Brummen verstärkt wird, so wird auch beim Radargerät durch Aufdrehen der Verstärkung/Gain das Rauschen erhöht, bis das gesamte Radarbild weiß ist. Die korrekte Einstellung ist gefunden, wenn der Bilduntergrund ganz leicht grießig erscheint.

Regenenttrübung, Rain Clutter
Großflächige Reflektionen dunkler Regen- oder Gewitterwolken sind typisch für 3 cm Radars, weswegen man sie auch als Wetterradars bezeichnet. Die Ursache ist, dass Regentropfen, Staubpartikel und Schneeflocken die 3 cm Wellen besonders gut reflektieren. (Bei 5-cm- und 10-cm-Radar-Anlagen ist das anders). Neben dem negativen Effekt, dass Radarziele in den Regenwolken verschwinden, haben diese heranwandernden Regenwolken auch eine positive Seite, denn sie künden dem Sportbootfahrer gleichzeitig die herannahenden stärkeren Winde bzw. Gewitter an. Radartechnisch stellt die Regenstörung normalerweise kein Problem dar. Abhilfe schafft der Drehknopf für »Rain Clutter«, wodurch der größte Teil der Eintrübung verschwinden sollte und Schiffsziele auf dem Radar wieder erkennbar werden.
Bei aufwendigeren Radargeräten wie im militärischen Bereich verschwindet Rain Clutter durch Änderung der Polarisation und andere verfeinerte Techniken.

Relative Darstellung/Head-Up/H-UP
Diese Darstellung ist die einfachste und älteste Art des Radarbildes. Sie wird teilweise auch als relativ vorausbezogen bezeichnet.
Die Vorausanzeige des Radarbildes ist nach Schiffsvoraus ausgerichtet, d.h. nach vorn (Seitenpeilung 0°), und entspricht somit dem optischen Bild des Schiffes von der Umgebung. Das eigene Schiff steht im Mittelpunkt

des Bildes; alle Radarpeilungen sind Schiffsseitenpeilungen. Alle Zielbewegungen sind relative Bewegungen, die die Eigenkurs- und Eigenfahrtwerte enthalten. Somit bewirkt jede eigene Kursänderung (also auch ein schlechter Rudergänger) ein Auswandern der Ziele und erschwert somit das Peilen und ggf. Erkennen von Kollisionsgefahr.

Rotation, Umdrehungsrate

Um eine 360°-Rundumsicht mit einem Radar zu erhalten, muss der Peilstrahl/die Antenne gedreht werden. Pro Umdrehung kann ein Ziel folglich einmal gezeichnet werden. Somit ist die Datenhäufigkeit und damit natürlich auch die Entdeckungswahrscheinlichkeit direkt abhängig von der Anzahl der Umdrehungen pro Minute (Umdrehungsrate).

Sichtgerät, PPI, Display, Monitor, Radarkonsole, Kathodenstrahlrohr, Braunsche Röhre

Diese unterschiedlichen Begriffe werden für die funktional gleichen Anzeigegeräte verwendet. Physikalisch gesehen ist ein Kathodenstrahlrohr dasselbe wie eine Braunsche Röhre. Sie ist das herkömmliche Sichtgerät (»Display«) im Bereich der Messtechnik, des Fernsehens und auch als Radarsichtgerät oder Radarkonsole oder PPI (»Plan Position Indicator«) z.B. in Kontrollstationen. Neuerdings sind LCD-Anzeigen als Flachbildschirme auch im Radarbereich im Vordringen.

Synthetisches Radarbild

Die Darstellung der Radarinformation ist als rohes Radarbild/Rohvideo oder als synthetisches Radarbild vorzufinden.

Während beim Rohvideo die Steuerung der Bildaufhellung direkt vom einkommenden Echosignal erfolgt, wird beim synthetischen Radarbild das Echosignal vom Rechner verarbeitet und die gesamte Bildschirmdarstellung erfolgt rechnergesteuert (moderne Art). Letzteres hat den Vorteil, dass man ein »gereinigtes« Radarbild ohne Rauschen und Störungen erhält, welches beliebig nach den Fähigkeiten des DV-Systems durch weitere Informationen – selbst solche, die nicht aus dem Radarsystem stammen – zum Beispiel durch Überlagerung einer elektronischen Seekarte ergänzt werden kann.

Außerdem kann die Bildhelligkeit wesentlich gesteigert werden (Tageslichtbildschirm). Der Nachteil ist, dass das Bild nach Art der Digitaltechnik (schwarz oder weiß) durch unachtsame Bediener sauber gefegt werden kann (schwache Signale werden vom Bildschirm gefegt, um ein sauberes Bild zu erhalten).

Triggerimpuls, Entfernungsmessung

Der Triggerimpuls ist ein geräteinterner Impuls, der ausgehend vom Sendeimpuls vielfältig zum Starten wesentlicher Zeitabläufe genutzt wird. So dient er unter anderem dazu, die Zeitbasis bzw. Entfernungsbasis (Nullpunkt) für die Entfernungsmessung zu starten.

True Motion

Voraussetzung ist, dass der Kurs (Kompass) und die Geschwindigkeit an das Radar übertragen werden können. Damit sind moderne Radargeräte in der Lage, ein nordstabilisiertes Bild zu liefern, bei dem sich das eigene Schiff nicht mehr im Mittelpunkt befindet. Alle nicht stationären Objekte inklusive des eigenen Fahrzeuges bewegen sich mit ihrer errechneten Geschwindigkeit und mit dem ermittelten Kurs über den Bildschirm. Das bedeutet, dass der wahre Kurs und die Fahrt eines Zieles direkt am Bildschirm ermittelt werden können.

Die dargestellten Küsten, also das Land und alle anderen festliegenden Objekte wie Tonnen, Ankerlieger etc. bewegen sich nicht. Feste Objekte können daher relativ leicht erkannt werden.

Peilungen können jedoch nicht am Bildschirmrand abgelesen, sondern müssen mit dem elektronischen Peilstrahl gemessen werden.

Variable Abstandsringe, Variable Range Marker (VRM)

Zusätzlich zu den festen Entfernungsringen verfügen alle Radaranlagen über mindestens einen variabel einstellbaren Entfernungsring, mit dem exakte Entfernungsmessungen zu beliebigen Radarzielen möglich sind.

Verstärkung/Gain

An jeder Radarkonsole/Bildschirm ist eine Verstärkungsregelung (Gain) für den Empfänger. Mit diesem Regler (meist ein Drehknopf) wird die generelle Verstärkung aller im Empfänger vorhandenen Signale gesteuert. Die korrekte Einstellung ist gefunden, wenn der Bilduntergrund ganz leicht grießig erscheint. Mit dieser Einstellung kommt das thermische Rauschen, oder auch Empfänger-Rauschpegel genannt, als Störsignal gerade eben zur Anzeige. So ist garantiert, dass alle Nutzsignale mit einem Signalniveau oberhalb des Rauschpegels zur Anzeige kommen. Mehr ist technisch mit dem vorliegenden Empfänger nicht erreichbar.

Übungsaufgaben

Aufgaben mit nordstabilisiertem Radarbild

1. Übung:

Fahrzeug A = 030° – 6 Knoten; Radarbild nordstabilisiert.
Radarpeilungen:
B1 = 062° – 6,9 sm
= 062° – 5,7 sm
= 062° – 4,6 sm
= 062° – 3,5 sm
= 062° – 2,3 sm
B2 = 062° – 1,2 sm
Frage: Wie lauten KBr, vBr, CPA, KB und vB?

Lösungen: CPA = 0; KBr = 243°; vBr = 11,3 kn; KB = 270°; vB = 7,0 kn

2. Übung:

Fahrzeug A = 030° – 6 Knoten; Radarbild nordstabilisiert.
Radarpeilungen:
B1 = 080° – 7,0 sm
= 078° – 6,1 sm
= 076° – 5,2 sm
B2 = 073° – 4,3 sm
Frage: Wie lauten KBr, vBr, CPA, KB und vB?

Lösungen: CPA = 360° – 1,1 sm; KBr = 269°; vBr = 9,4 kn; KB = 310°; vB = 8,0 kn

3. Übung:

Fahrzeug A = 030° – 6 Knoten; Radarbild nordstabilisiert.
Radarpeilungen:
B1 = 088° – 7,4 sm
= 088° – 6,5 sm
= 088° – 5,5 sm
= 088° – 4,6 sm
B2 = 088° – 3,6 sm
Frage: Wie lauten KBr, vBr, CPA, KB und vB?

Lösungen: CPA = 0; KBr = 268°; vBr = 10,1 kn; KB = 305°; vB = 8,5 kn

4. Übung:

Fahrzeug A = 030° – 6 Knoten; Radarbild nordstabilisiert.
Radarpeilungen:
B1 = 060° – 6,0 sm
= 060° – 5,4 sm
= 060° – 4,8 sm
= 060° – 4,3 sm
B2 = 060° – 3,7 sm
Frage: Wie lauten KBr, vBr, CPA, KB und vB?

Lösungen: CPA = 0; KBr = 241°; vBr = 6,0 kn; KB = 314°; vB = 3,1 kn

5. Übung:
Fahrzeug A = 140° – 8 Knoten; Radarbild nordstabilisiert.
Radarpeilungen:
B1 = 130° – 7,0 sm
= 130° – 6,0 sm
= 130° – 5,0 sm
B2 = 130° – 4,0 sm
Frage: Wie lauten KBr, vBr, CPA, KB und vB?

Lösungen: CPA = 0; KBr = 310°; vBr = 10,0 kn; KB = 347°; vB = 8,6 kn

Aufgaben mit vorausstabilisiertem Radarbild

6. Übung:
Fahrzeug A = rw 010° – 6 Knoten; Radarbild vorausstabilisiert.
Radarseitenpeilungen:
B1 = 020° – 7,0 sm
= 020° – 6,0 sm
= 020° – 5,0 sm
B2 = 020° – 4,0 sm
Fragen: Wie lauten KBr, vBr, CPA, KB und vB?

Lösungen: CPA = 0; KBr = 200°; vBr = 10,0 kn; KB = 225°; vB = 4,7 kn

7. Übung:
Fahrzeug A = rw 110° – 6 Knoten; Radarbild vorausstabilisiert.
Radarseitenpeilungen:
B1 = 310° – 6,3 sm
= 310° – 5,6 sm
= 310° – 4,8 sm
B2 = 310° – 4,0 sm
Fragen: Wie lauten KBr, vBr, CPA, KB und vB?

Lösungen: CPA = 0; KBr = 130°; vBr = 7,8 kn; KB = 080°; vB = 6,0 kn

8. Übung:
Fahrzeug A = rw 140° – 8 Knoten; Radarbild vorausstabilisiert.
Radarseitenpeilungen:
B1 = 042° – 7,1 sm
= 043° – 5,8 sm
= 043° – 4,5 sm
B2 = 044° – 3,3 sm
Fragen: Wie lauten KBr, vBr, CPA, KB und vB?

Lösungen: CPA = RaSP 130°; KBr = 220°; vBr = 12,3 kn; KB = 260°; vB = 8,0 kn

9. Übung:
Fahrzeug A = rw 030° – 9 Knoten; Radarbild vorausstabilisiert.
Radarseitenpeilungen:
B1 = 033° – 6,6 sm
= 032° – 5,2 sm
= 030° – 3,9 sm
B2 = 027° – 2,6 sm
Fragen: Wie lauten KBr, vBr, CPA, KB und vB?

Lösungen: CPA = RaSP 306° – 0,4sm; KBr = 218°; vBr = 13,1 kn; KB = 260°; vB = 8,0 kn

10. Übung:
Fahrzeug A = rw 270° – 7 Knoten; Radarbild vorausstabilisiert.
Radarseitenpeilungen:
B1 = 332° – 6,9 sm
= 332° – 5,7 sm
= 332° – 4,6 sm
B2 = 332° – 3,5 sm

Fragen: Wie lauten KBr, vBr, CPA, KB und vB?

Lösungen: CPA = 0; KBr = 152°; vBr = 11,2 kn; KB = 120°; vB = 6,0 kn

Aufgaben für Ausweichmanöver mit Sicherheitsabstand

11. Übung:

Fahrzeug A = rw 050° – 6,0 Knoten; Radarbild nordstabilisiert.
Radarpeilungen:
B1 = 110° – 5,4 sm
= 110° – 4,5 sm
= 110° – 3,6 sm
B2 = 110° – 2,7 sm
Fragen: Wie lauten KBr, vBr, CPA, KB und vB?

Lösungen: CPA = 0 ; KBr = 290°; vBr = 9,0 kn; KB = 030°; vB = 9,0 kn

Geforderter Sicherheitsabstand: 1 Seemeile, d.h. CPA = 1 sm.
Fragen: Wie lautet der neue KBr? Welche Ausweichmanöver (KB und vB) sind bei einer eigenen Höchstgeschwindigkeit von 6 Knoten möglich?

Lösungen: KBr neu = 312°. Echoknick = 22°.
Mögliche Ausweichmanöver:
A1 = 340° – 5,3 kn
A2 = 350° – 4,0 kn
A3 = 360° – 3,4 kn
A4 = 010° – 2,9 kn
A5 = 030° – 2,6 kn
A6 = 050° – 2,6 kn
A7 = 070° – 2,8 kn
A8 = 080° – 3,2 kn
A9 = 090° – 3,8 kn
A10 = 100° – 4,0 kn
A11 = 107° – 6,0 kn
und alle dazwischen liegenden Kurse.

12. Übung:

Fahrzeug A = 180° – 9,0 Knoten; Radarbild nordstabilisiert.
Radarpeilungen:
B1 = 216° – 6,0 sm
= 216° – 5,0 sm
= 216° – 4,0 sm
B2 = 216° – 3,0 sm
Frage: Wie lauten KBr, vBr, CPA, KB und vB?

Lösungen: CPA = 0; KBr = 036°; vBr = 10,1 kn; KB = 100°; vB = 6,0 kn

Geforderter Sicherheitsabstand: 1 Seemeile, d.h. CPA = 1 sm.
Fragen: Wie lautet der neue KBr? Welche Ausweichmanöver (KB und vB) sind möglich bei einer eigenen Höchstgeschwindigkeit von 6 Knoten?

Lösungen: KBr neu = 067°. Echoknick= +31°.
Mögliche Ausweichmanöver:
A1 = 110° – 4,8 kn
A2 = 120° – 4,1 kn
A3 = 130° – 3,7 kn
A4 = 150° – 3,3 kn
A5 = 170° – 3,4 kn
A6 = 180°-3,7 kn
und alle dazwischen liegenden Kurse.

13. Übung:

Fahrzeug A = 020° – 9,0 Knoten; Radarbild nordstabilisiert.
Radarpeilungen:
B1 = 070° – 6,2 sm
= 070° – 5,2 sm
= 070° – 4,2 sm
B2 = 070° – 3,2 sm
Frage: Wie lauten KBr, vBr, CPA, KB und vB?

Lösungen: CPA = 0; KBr =256°; vBr = 9,8 kn; KB = 310°; vB = 8,0 kn

Geforderter Sicherheitabstand: 1,5 Seemeile, d.h. CPA = 1,5 sm.
Fragen: Wie lautet neuer KBr? Welche Ausweichmanöver (KB und vB) sind bei einer eigenen Höchstgeschwindigkeit von 9 Knoten möglich?
Lösungen: KBr neu = 294°. Echoknick= +44°.

Mögliche Ausweichmanöver:

A1 = 320° – 5,2 kn
A2 = 330° – 4,0 kn
A3 = 350° – 2,8 kn
A4 = 010° – 2,5 kn
A5 = 030° – 2,4 kn
A6 = 050° – 2,7 kn
A7 = 080° – 4,3 kn
A8 = 090° – 6,0 kn
A9 = 098° – 9,0 kn

und alle dazwischen liegenden Kurse mit entsprechend reduzierter Fahrt.

14. Übung:

Fahrzeug A = 300° – 5,0 Knoten; Radarbild nordstabilisiert.

Radarpeilungen:

B1 = 351° – 6,1 sm
= 350° – 4,9 sm
= 350° – 3,7 sm
B2 = 350° – 2,5 sm

Frage: Wie lauten KBr, vBr, CPA, KB und vB?

Lösungen: CPA = 0; KBr =171°; vBr = 12,1Kn; KB = 195°; vB = 10,0 kn

Geforderter Sicherheitabstand: 1,5 Seemeile, d.h. CPA = 1,5 sm.

Fragen: Wie lautet neuer KBr? Welche Ausweichmanöver (KB und vB) sind bei einer eigenen Höchstgeschwindigkeit von 5 Knoten möglich?

Lösungen: KBr neu = 209°. Echoknick= +38°.
Mögliche Ausweichmanöver:

A1 = 181° – 5,0 kn
A2 = 170° – 3,8 kn
A3 = 160° – 3,1 kn
A4 = 140° – 2,5 kn
A5 = 120° – 2,3 kn
A6 = 100° – 2,5 kn
A7 = 080° – 3,0 kn
A8 = 060° – 4,5 kn
A9 = 057° – 5,0 kn

und alle dazwischen liegenden Kurse mit entsprechend reduzierter Fahrt.

Plott-Abkürzungen

Abkürzungen gem. DIN 13312

Zeichen der durch Echoanzeigen erfassten Objekte

A Bezeichnung der Anzeige des eigenen Schiffes

B, C, D,... Bezeichnung der Anzeigen anderer Objekte (Gegner)

Zeitangaben im Radarbild

Zeitpunkte im Radarbild werden grundsätzlich vierstellig (z.B. 0813 für 08:13 Uhr) angegeben; bei der Markierung fortlaufender Objektbewegungen kann jedoch die Stundenangabe entfallen.

Kurse und Geschwindigkeiten im Radarbild

Kurse und Kursdifferenzen der wahren Bewegung

KA Kurs des eigenen Schiffes; Winkel zwischen der Nordrichtung, gegebenenfalls unter Beifügung des Zusatzes rwN oder KrN bzw. MgN des eigenen Schiffes.

KB, KC, Gegnerkurse; Winkel zwischen der Nordrichtung, gegebenenfalls unter Beifügung des Zusatzes rwN oder KrN bzw. MgN des eigenen Schiffes und der durch Auswertung ermittelten wirklichen Bewegungsrichtung des Gegners B, C, D,...

KB–KA Kursdifferenzen; Winkel zwischen der Bewegungsrichtung des eigenen Schiffes A (KA) und der durch Auswertung ermittelten Bewegungsrichtung des Gegners B (KB).

Kleinster Abstand (Passierabstand)		
Benennung	**Abkürzung**	**Definition, Bemerkungen**
Kleinster Passierabstand (*closest point of approach, CPA*)	CPA	Voraussichtliche oder tatsächliche kleinste Entfernung vom eigenen Schiff. Wie Benennung
Zeitspanne bis zum Erreichen des CPA (*time to closest point of approach, TCPA*)	TCPA	Zeitpunkt, zu dem die kleinste Entfernung des Gegners vom eigenen Schiff erreicht wird oder wurde
Zeitpunkt des kleinsten Abstandes (*time of closest point of approach, TCA*)	TCA	
Peilung zum Gegner im Augenblick des kleinsten Abstandes	PCPA	Winkel zwischen der Nordrichtung und dem Peilstrahl zum Gegner im Augenblick des kleinsten Abstandes
Seitenpeilung zum Gegner im Augenblick des kleinsten Abstandes	SPCPA	Winkel zwischen der Vorausanzeige des Radargerätes oder dem Peilstrahl zum Gegner im Augenblick des kleinsten Abstandes; halbkreisige Zählung (000° bis 180°) mit dem Zusatz Steuerbord (Stb) oder Backbord (Bb) ist zulässig.

Kurse und Kursdifferenzen der relativen Bewegung
Unter der relativen Bewegung eines Schiffes B, versteht man die Bewegung von B in dem vom Radarbild vorgegebenen Bezugssystem, in dem das eigene Schiff A ruht.

KBr, KCr, ... Kurse der relativen Bewegung von B, C, D,...; Winkel zwischen der Nordrichtung, gegebenenfalls unter Beifügung des Zusatzes rwN oder KrN bzw. MgN des eigenen Schiffes und der durch Auswertung ermittelten Richtung der relativen Bewegung von B, C, D,...

KBr–KA, KCr–KA, KDr–KA,...
Winkel zwischen der Bewegungsrichtung des eigenen Schiffes A (KA) und der durch Auswertung ermittelten Richtung der relativen Bewegung von B (KBr), C (KCr), D (KDr),...

Geschwindigkeiten
vA Geschwindigkeit des eigenen Schiffes
vB, vC,... Durch Auswertung ermittelte wirkliche Geschwindigkeiten der Gegner B, C, D,...

Geschwindigkeiten der relativen Bewegung
vBr, vCr,... Durch Auswertung ermittelte Geschwindigkeiten der relativen Bewegung von B, C, D,...

Graphische Symbole für Objektbewegungen in der zeichnerischen Auswertung des Radarbildes

—>— Eigene Bewegung
—>>— Bewegung von B, C, D,...
—⊗— Relative Bewegung von B, C, D,...

Weitere Abkürzungen

Da die Abkürzungen und Bezeichnungen der DIN 13312 nicht ausreichend sind für alle beim Radarplotten auftretenden Diagramme, wurden ergänzend – soweit erforderlich – die folgenden englischen Abkürzungen und Bezeichnungen verwendet.

Kursänderungen:
KBr. neu – KBr.alt Echoknick δ (sprich: Delta), Kursänderung der Relativbewegung
KA neu – KA alt = α (sprich: alpha) Kursänderung des eigenen Fahrzeugs

Ortsbezeichnungen:
W-Punkt (»way of own ship« bzw. »way of another ship«) ist der Anfangspunkt sowohl des Vektors des eigenen Schiffes als auch der absoluten Bewegung des Gegners. Beim Trueplot ist W die erste Ortung, die für die Bildauswertung verwendet wird.
O-Punkt (»Original position«) ist die erste Ortung , die für die Bildauswertung verwendet wird.
A-Punkt (»Arrived position«) ist die letzte Ortung, die für die Bildauswertung verwendet wird.
M-Punkt (»Manœuvre, course altered«); neuer Ausgangspunkt im Vorhersagedreieck für die neue Relativbewegung des »manövrierenden« Gegners (z.B. die Tangente an den Nahbereichskreis).

Vektoren-/Seitenbezeichnung im Wegedreieck:
Vektor WO = (Way of Own ship) (KA, vA) Bewegung des eigenen Schiffes.
Vektor WA = (Way of Another ship) (KB, vB) Absolute Bewegung des anderen Schiffes.
Vektor OA = (KBr, vBr) Relativbewegung des Gegners B.

Bezeichnungen in den Vektorendreiecken:
Das Wegedreieck hat für die Eckpunkte die Bezeichnungen O-A-W.
Das Manöverdreieck hat für die Eckpunkte die Bezeichnungen W-O-M.
Das Vorhersagedreieck hat für die Eckpunkte die Bezeichnungen M-A-W.

Anmerkung:
Einer zügigen Auswertung zuliebe werden in der Praxis die Bezeichnungen der Eckpunkte in der Regel nicht mitgeschrieben, sondern man merkt sich, welcher Punkt welche Bedeutung hat.

KVR-Regeln zur Radaranwendung

Im Folgenden sind auszugsweise die Teile der KVR im Originaltext wiedergegeben, die für die Anwendung von Radargeräten auf seegehenden Fahrzeugen relevant sind.

Teil A – Allgemeines

Regel 2: Verantwortlichkeit
a) Diese Regeln befreien ein Fahrzeug, dessen Eigentümer, Kapitän oder Besatzung nicht von den Folgen, die durch unzureichende Einhaltung dieser Regeln oder unzureichende sonstige Vorsichtsmaßnahmen entstehen, welche allgemeine seemännische Praxis

oder besondere Umstände des Falles erfordern.

b) Bei der Auslegung und Befolgung dieser Regeln sind stets alle Gefahren der Schifffahrt und des Zusammenstoßes sowie alle besonderen Umstände einschließlich Behinderungen der betroffenen Fahrzeuge gebührend zu berücksichtigen, die zum Abwenden unmittelbarer Gefahr ein Abweichen von diesen Regeln erfordern.

Teil B – Ausweich- und Fahrregeln

Abschnitt I: Verhalten von Fahrzeugen bei allen Sichtverhältnissen

Regel 4: Anwendung
Die Regeln dieses Abschnittes gelten bei allen Sichtverhältnissen.

Regel 5: Ausguck
Jedes Fahrzeug muss jederzeit durch Sehen und Hören sowie durch jedes andere verfügbare Mittel, das den gegebenen Umständen und Bedingungen entspricht, gehörigen Ausguck halten, der einen vollständigen Überblick über die Lage und die Möglichkeit der Gefahr eines Zusammenstoßes gibt.

Regel 6: Sichere Geschwindigkeit
Jedes Fahrzeug muss jederzeit mit einer sicheren Geschwindigkeit fahren, so dass es geeignete und wirksame Maßnahmen treffen kann, um einen Zusammenstoß zu vermeiden, und innerhalb einer Entfernung zum Stehen gebracht werden kann, die den gegebenen Umständen und Bedingungen entspricht.
Zur Bestimmung der sicheren Geschwindigkeit müssen unter anderem folgende Umstände berücksichtigt werden:

a) Von allen Fahrzeugen:
- i) die Sichtverhältnisse;
- ii) die Verkehrsdichte einschließlich Ansammlungen von Fischerei- oder sonstigen Fahrzeugen
- iii) die Manövrierfähigkeit des Fahrzeugs unter besonderer Berücksichtigung der Stoppstrecke und der Dreheigenschaften unter den gegebenen Bedingungen;
- iv) bei Nacht eine Hintergrundhelligkeit, z. B. durch Lichter an Land oder eine Rückstrahlung der eigenen Lichter;
- v) die Wind-, Seegangs- und Strömungsverhältnisse sowie die Nähe von Schifffahrtsgefahren;
- vi) der Tiefgang im Verhältnis zur vorhandenen Wassertiefe.

b) Zusätzlich von Fahrzeugen mit betriebsfähigem Radar:
- i) die Eigenschaften, die Wirksamkeit und die Leistungsgrenzen der Radaranlagen;
- ii) jede Einschränkung, die sich aus dem eingehaltenen Entfernungsbereich des Radars ergibt;
- iii) der Einfluss von Seegang, Wetter und anderen Störquellen auf die Radaranzeige;
- iv) die Möglichkeit, dass kleine Fahrzeuge, Eis und andere schwimmende Gegenstände durch Radar nicht innerhalb einer ausreichenden Entfernung geortet werden;
- v) die Anzahl, die Lage und die Bewegung der vom Radar georteten Fahrzeuge;
- vi) die genauere Feststellung der Sichtweite, die der Gebrauch des Radars durch Entfernungsmessung in der Nähe von Fahrzeugen oder anderen Gegenständen ermöglicht.

Regel 7: Möglichkeit der Gefahr eines Zusammenstoßes

a) Jedes Fahrzeug muss mit allen verfügbaren Mitteln entsprechend den gegebenen Umständen und Bedingungen feststellen, ob die Möglichkeit der Gefahr eines Zusammenstoßes besteht. Im Zweifelsfall ist diese Möglichkeit anzunehmen.
b) Um eine frühzeitige Warnung vor der Möglichkeit der Gefahr eines Zusammenstoßes zu erhalten, muss eine vorhandene und betriebsfähige Radaranlage gehörig gebraucht werden, und zwar einschließlich der Anwendung der großen Entfernungsbereiche, des Plottens oder eines gleichwertigen systematischen Verfahrens zur Überwachung georteter Objekte.
c) Folgerungen aus unzulänglichen Informationen, insbesondere aus unzulänglichen Radarinformationen, müssen unterbleiben.
d) Bei der Feststellung, ob die Möglichkeit der Gefahr des Zusammenstoßes besteht, muss unter anderem Folgendes berücksichtigt werden:
   i) Eine solche Möglichkeit ist anzunehmen, wenn die Kompasspeilung eines sich nähernden Fahrzeuges sich nicht merklich ändert;
   ii) eine solche Möglichkeit kann manchmal auch bestehen, wenn die Peilung sich merklich ändert, insbesondere bei der Annäherung an ein sehr großes Fahrzeug, an einen Schleppzug oder an ein Fahrzeug nahebei.

Regel 8: Manöver zur Vermeidung von Zusammenstößen

a) Jedes Manöver zur Vermeidung von Zusammenstößen muss, wenn es die Umstände zulassen, entschlossen, rechtzeitig und so ausgeführt werden, wie gute Seemannschaft es erfordert.
b) Jede Änderung des Kurses und/oder der Geschwindigkeit zur Vermeidung eines Zusammenstoßes muss, wenn es die Umstände zulassen, so groß sein, dass ein anderes Fahrzeug optisch oder durch Radar sie schnell erkennen kann; aufeinanderfolgende kleine Änderungen des Kurses und/oder der Geschwindigkeit sollen vermieden werden.
c) Ist genügend Seeraum vorhanden, so kann eine Kursänderung allein die wirksamste Maßnahme zum Vermeiden des Nahbereichs sein, vorausgesetzt, dass sie rechtzeitig vorgenommen wird, durchgreifend ist und nicht in einen anderen Nahbereich führt.
d) Ein Manöver zur Vermeidung eines Zusammenstoßes mit einem anderen Fahrzeug muss zu einem sicheren Passierabstand führen. Die Wirksamkeit des Manövers muss sorgfältig überprüft werden, bis das andere Fahrzeug endgültig vorbei und klar ist.
e) Um einen Zusammenstoß zu vermeiden oder mehr Zeit zur Beurteilung der Lage zu gewinnen, muss ein Fahrzeug erforderlichenfalls seine Fahrt mindern oder durch Stoppen oder Rückwärtsgehen jegliche Fahrt wegnehmen.
f) i) Ein Fahrzeug, das auf Grund einer dieser Regeln verpflichtet ist, die Durchfahrt oder die sichere Durchfahrt eines anderen Fahrzeugs nicht zu behindern, muss, wenn es die Umstände erfordern, frühzeitig Maßnahmen ergreifen, um genügend Raum für die sichere Durchfahrt des anderen Fahrzeugs zu lassen.
   ii) Ein Fahrzeug, das verpflichtet ist, die Durchfahrt oder die sichere Durchfahrt eines anderen Fahrzeugs nicht zu behindern, ist von dieser Verpflichtung nicht befreit, wenn es sich dem anderen Fahrzeug so nähert, dass die Möglichkeit der Gefahr eines Zusammenstoßes besteht, und muss, wenn es Maßnahmen ergreift, in vollem Umfang die Maßnahmen berücksichti-

gen, die nach den Regeln dieses Teils vorgeschrieben sind.

iii) Ein Fahrzeug, dessen Durchfahrt nicht behindert werden darf, bleibt in vollem Umfang verpflichtet, die Regeln dieses Teils einzuhalten, wenn die beiden Fahrzeuge sich einander so nähern, dass die Möglichkeit der Gefahr des Zusammenstoßes besteht.

Abschnitt II: Verhalten von Fahrzeugen, die einander in Sicht haben
Regeln 11-18 entfallen bei Nebelfahrt.

Abschnitt III: Verhalten von Fahrzeugen bei verminderter Sicht
Regel 19: Verhalten von Fahrzeugen bei verminderter Sicht

a) Diese Regel gilt für Fahrzeuge, die einander nicht in Sicht haben, wenn sie in oder in der Nähe eines Gebietes mit verminderter Sicht fahren.
b) Jedes Fahrzeug muss mit sicherer Geschwindigkeit fahren, die den gegebenen Umständen und Bedingungen der verminderten Sicht angepasst ist. Ein Maschinenfahrzeug muss seine Maschinen für ein sofortiges Manöver bereithalten.
c) Jedes Fahrzeug muss bei Befolgung der Regeln des Abschnitts I die gegebenen Umstände und Bedingungen der verminderten Sicht gehörig berücksichtigen.
d) Ein Fahrzeug, das ein anderes lediglich mit Radar ortet, muss ermitteln, ob sich eine Nahbereichslage entwickelt und/oder die Möglichkeit der Gefahr eines Zusammenstoßes besteht. Ist dies der Fall, so muss es frühzeitig Gegenmaßnahmen treffen; ändert es deshalb seinen Kurs, so muss es nach Möglichkeit folgendes vermeiden:
   i) eine Kursänderung nach Backbord gegenüber einem Fahrzeug vorlicher als querab, außer beim Überholen;
   ii) eine Kursänderung auf ein Fahrzeug zu, das querab oder achterlicher als querab ist.

e)
Außer nach einer Feststellung, dass keine Möglichkeit der Gefahr eines Zusammenstoßes besteht, muss jedes Fahrzeug, das anscheinend vorlicher als querab das Nebelsignal eines anderen Fahrzeugs hört oder das eine Nahbereichslage mit einem anderen Fahrzeug vorlicher als querab nicht vermeiden kann, seine Fahrt auf das für die Erhaltung der Steuerfähigkeit geringst mögliche Maß verringern. Erforderlichenfalls muss es jegliche Fahrt wegnehmen und in jedem Fall mit äußerster Vorsicht manövrieren, bis die Gefahr eines Zusammenstoßes vorüber ist.

Literaturverzeichnis

1. Deutsche Gesellschaft für Ortung und Navigation e.V. Düsseldorf 1980.
2. Müller/Krauß: Handbuch der Schiffsführung, 7. neu bearbeitete Auflage. 1970.
3. Müller/Krauß: Handbuch der Schiffsführung, 8. Auflage. Erster Band. Teil C. 1986.
4. Dr. Ingo Wilmanns: Radar und Funknavigation, Grundzüge der Verfahren und ihre Anwendungen. 1980.
5. Raytheon Radar R40/41XX, Raster Scan Radar.
6. Meldau-Steppes: Lehrbuch der Navigation. 1963.

Stichwortverzeichnis

H

I

K

L

M

N

O

P

R

Der Autor

Georg Fürst, Jahrgang 1939, ist in Hamburg geboren und aufgewachsen. Er sammelte bereits in den Fünfziger Jahren Segelerfahrungen auf der Elbe und der Ostsee. Nach dem Abitur 1960 schlug der heutige Fregattenkapitän a.D. die Offiziersausbildung bei der Bundesmarine ein. Dort sammelte er als Wachhabender Offizier Erfahrungen mit Radaranlagen im Operations- und Brückendienst und erhielt in Deutschland und den USA eine Spezialausbildung auf dem Gebiet der radargesteuerten Lenkwaffen. Auf diesem gebiet war er dann viele Jahre im In- und Ausland bis zu seiner Pensionierung tätig.
Seit 40 Jahren segelt er Hochseeyachten. Er besitzt den C-Schein und den Sporthochseeschiffer-Schein und betreibt seit 1991 Hochsee-Segelausbildung. Seit 1994 veranstaltet er außerdem überregionale Radarseminare im Raum Köln/Bonn mit praktischer Ausbildung auf der Jade und der Außenweser sowie in der Deutschen Bucht.

Georg Fürst ist für Interessenten erreichbar unter: Tel. 04421-81808; E-Mail: gfuerst@freenet.de.